CONNAISSANCE DU COSMOS

MARC LACHIÈZE-REY

CONNAISSANCE DU COSMOS

Préface de Hubert Reeves

Albin Michel

« Sciences d'aujourd'hui »
Collection dirigée
par
Michel Cazenave

22, rue Huyghens, 75014 Paris

ISBN 978-2-226-32439-9

A mes parents

Préface

« Bâtir une cosmologie scientifique bien que non exempte de métaphysique », écrit Marc Lachièze-Rey dans son introduction. Cette phrase est significative d'une évolution profonde de la mentalité scientifique.

La démarche du savant des siècles passés était caractérisée précisément par le refus systématique de toute métaphysique. Et non sans raison. Il s'agissait de réduire la confusion des esprits et des choses. La méthode expérimentale offre la possibilité à cet égard de démasquer les préjugés, de remettre en cause les a priori *prétendument philosophiques. Se tenir au plus près des observations, les interpréter dans un cadre mathématique rigoureux, voilà la façon la plus sûre d'explorer la réalité.*

Cette exploration nous a menés très loin. Après avoir franchi le système solaire, puis la galaxie, l'astrophysicien étend son regard sur l'ensemble de l'univers observable. Il s'interroge sur les dimensions temporelles et spatiales du cosmos. Après avoir pénétré la molécule et l'atome, le physicien sonde l'intérieur des nucléons et se demande si les quarks ne sont pas composés eux-mêmes de particules plus élémentaires encore, ad infinitum. *Après avoir exploré les neurones du cerveau humain, le biologiste se demande comment se produit cette intelligence que, précisément, il utilise pour se poser cette question.*

A la limite de l'« infiniment grand », de l'« infiniment petit » et de l'extrêmement complexe, le scientifique retrouve soudain les vieux problèmes métaphysiques. Non pas les réponses, mais les questions. Quelle est la place de l'homme dans l'univers ? Que signifie son émergence dans un cosmos qui possède très précisément les propriétés qui y étaient requises ?

Les questions sont posées.

Depuis quelques décennies, ces problèmes ont rencontré une résonance croissante chez le public non scientifique. Il y a de quoi. Chacun sent qu'il s'agit, en définitive, de lui-même, de son histoire, de son insertion dans le cosmos.

Une littérature abondante a fleuri autour de ces thèmes. Le danger, bien sûr, c'est de sombrer dans le mythe. Plusieurs auteurs, euphorisés par l'ampleur et l'attrait mystique du sujet, ont joyeusement confondu leurs fantasmes et la réalité. Pour le non-scientifique, cette situation pose problème. Il n'a pas les éléments requis pour faire le tri. Une équation mathématique bien placée, c'est un « coup de poing en dessous de la ceinture ».

Dans ce contexte à la fois passionnant et litigieux, il importe de présenter au lecteur les éléments d'une cosmologie rigoureuse. C'est bien le but que recherchait Michel Cazenave en demandant à Marc Lachièze-Rey d'écrire ce livre. Dans un langage clair, l'auteur y décrit à la fois les concepts fondamentaux de la cosmologie actuelle et les observations sur lesquelles celle-ci se fonde.

La vision du cosmos que présente la science moderne est à la fois fascinante et exaltante. Il faut l'aborder avec une très grande prudence. Il faut pouvoir percevoir ce qu'elle dit, et ce qu'elle ne dit pas. De ce point de vue, le livre de Marc Lachièze-Rey intervient à point.

Hubert REEVES

Introduction

La cosmologie est loin d'être une discipline nouvelle mais c'est peut-être une science nouvelle. Depuis plus de vingt siècles son champ d'application, spatial et temporel, s'étend irrésistiblement : les interrogations ont changé d'échelles.

Ainsi, après avoir situé à leurs justes places le Soleil et les planètes, l'astronome en est venu à ne considérer le système solaire que comme un élément parmi tant d'autres, infime à l'échelle du cosmos. Après avoir reconnu la nature physique des étoiles, puis des galaxies, il voit ces dernières, non plus chacune comme un univers, mais comme un élément constitutif d'un ensemble plus vaste. Le cosmologiste peut alors définir un « univers observable », qui englobe tout ce qui lui est accessible par l'observation. Se restreignant à cette définition, il peut alors lui appliquer les méthodes de la physique et bâtir une cosmologie scientifique, bien que non exempte de métaphysique. Les avènements de la relativité restreinte, de la relativité générale, de la physique nucléaire et, aujourd'hui, de celle des particules ont apporté au débat des contributions déterminantes, permettant de construire un modèle scientifique de l'univers.

C'est ce modèle que nous présentons ici. Nous ne discuterons pas des motivations qui ont orienté les cosmologistes pour l'établir, ni de ses prolongements métaphysiques, aspects passionnants qui sont cependant du ressort de l'épistémologue ou du philosophe. Le modèle que nous présentons n'est ni indiscutable ni indiscuté. D'autres existent, même dans le cadre nécessairement limité de la physique contemporaine; néanmoins c'est le plus simple, celui qui s'accorde le mieux avec les principes de cette physique. Même si l'on refuse d'y croire, sa connaissance constitue du moins un préalable nécessaire à tout débat cosmologique. C'est pourquoi ce petit livre tente de le présenter brièvement, en décrivant l'univers tel que se le représentent la majorité des physiciens.

Il se découpe en quatre parties. Dans la première nous rappelons quelques échelles, quelques notions fondamentales d'astronomie et les bases de la physique utilisée par la suite. La seconde s'intéresse aux aspects géométriques ou dynamiques : comment définir ou mesurer distances et durées? Comment évolue la géométrie de l'espace-temps dans le cadre des modèles cosmologiques? Une troisième partie décrit le contenu de l'univers : ce que l'on voit et ce que l'on soupçonne. Enfin, la dernière partie traite de l'univers primordial, c'est-à-dire des premières étapes de l'évolution cosmologique, dominées par la physique nucléaire et la physique des particules élémentaires.

Première partie

LA TERRE, L'UNIVERS ET LA PHYSIQUE

I

La Terre, l'univers et la physique

1. Le cosmos et nous

Avant d'aborder des espaces intergalactiques, il est bon d'acquérir une conscience claire de notre dimension et de notre situation dans l'univers. Ceci nous donnera d'ailleurs une idée des dimensions intervenant en astronomie.

Notre Terre est un lieu astronomiquement original. En effet, il y règne des conditions tout à fait modérées, comparées à celles du reste de l'univers. D'un côté, les densités énormes de l'intérieur des étoiles ou des objets les plus compacts; de l'autre, le vide presque total entre les galaxies. Ici, des températures élevées, responsables de la luminosité des étoiles, ainsi que des rayonnements astronomiques; ailleurs, le froid, proche de l'absolu, des espaces interstellaire et intergalactique.

Ainsi, notre planète, et plus particulièrement son atmosphère, offre des conditions particulières. Ces conditions sont-elles uniques ou d'autres planètes présentent-elles un panorama similaire? Nous ne le saurons pas avant d'avoir détecté et examiné une planète hors du système solaire, ce qui n'est pas encore fait. Malgré leur intérêt évident pour notre survie ces éventuelles planètes représentent peu de chose à l'échelle cosmologique. Ce sont des objets condensés qui réagissent très peu avec leur environnement cosmique, sinon en absorbant ou en réfléchissant la lumière des étoiles. Elles ont donc peu d'influence sur l'évolution globale de l'univers; leurs masses elles-mêmes sont négligeables devant celles des étoiles autour desquelles elles gravitent. Ainsi la masse de la Terre est 300 000 fois plus faible que celle du Soleil. Cette dernière, environ 2.10^{30} kilos, sert d'unité de masse en astronomie. La masse totale de toutes les planètes orbitant autour du Soleil ne représente que moins d'un millième de la masse solaire.

Ainsi, la Terre, berceau de notre vie, quasi-totalité du monde accessible à nos sens, est infime à l'échelle de la cosmologie. Si aucune planète n'existait, l'univers ne s'en trouverait pas différent et ceci nous incite à rester modestes. Il convient cependant de s'assurer que le modèle proposé pour décrire l'univers permet bien l'existence et la formation des planètes. Un modèle ne permettant pas notre existence devra être impitoyablement rejeté, selon les principes mêmes de la méthode scientifique (et non d'un principe anthropique ou anthropocentrique).

Pour aborder la cosmologie il nous faut donc quitter notre environnement terrestre et nous préparer à d'autres échelles. Le système solaire constitue une sorte de lieu clos, totalement dominé par le Soleil. Celui-ci retient par l'attraction de sa masse les planètes qui gravitent autour de lui et les irradie de son rayonnement. Tout le système baigne également dans son champ magnétique qui vient se fondre avec celui des planètes. L'étude du système solaire représente le point de départ de toute l'astronomie et le Soleil reste l'étoile la mieux connue.

Il est de même nature que les 100 milliards d'étoiles qui constituent notre galaxie. A vrai dire, nous ignorons si ces étoiles sont entourées de planètes, bien que de plus en plus d'astronomes le pensent actuellement (sans préjuger de l'existence de la vie sur ces planètes).

Les observations les plus récentes, notamment dans l'infrarouge, laissent penser que c'est bien le cas, ou du moins que plusieurs étoiles sont sur le point d'acquérir un cortège planétaire, mais ce n'est que marginalement – comme nous le verrons beaucoup plus loin – que ces planètes peuvent nous intéresser pour la cosmologie. Il nous faut en effet voir les choses d'un regard bien plus large, et changer d'échelle de distance.

Si la taille du système solaire peut être définie par le rayon des orbites planétaires, la distance entre deux étoiles ou systèmes planétaires voisins atteint deux mille fois cette valeur. Il nous faut donc changer d'unité et l'on définit le parsec (pc) comme valant 30 856 milliards de kilomètres, soit environ deux cent mille fois la distance de la Terre au Soleil. La lumière met 3.26 années à parcourir un parsec, de sorte que cette unité vaut 3.26 années-lumières. La définition du parsec provient de la méthode de mesure des distances d'étoiles proches dont nous parlerons dans le chapitre sur la détermination des distances.

L'étoile la plus proche, Proxima du Centaure, se trouve à 1.3 parsec de nous. Avec un tel recul, le Soleil n'apparaîtrait plus que comme un point lumineux brillant, lui qui émet pourtant sous forme lumineuse une quantité énorme d'énergie par seconde (4×10^{33} ergs par seconde, ou bien : parsec). On en déduit en retour que chaque étoile émet une puissance comparable.

Si l'on s'éloigne davantage, on rencontre des étoiles et encore des étoiles, de masses et de types différents, toujours séparées d'1 parsec environ. Puis cette répartition s'arrête : nous sortons de la galaxie. Celle-ci regroupe 100 milliards d'étoiles environ, dans un volume en forme de disque sur lequel s'imprime une structure spirale. Son rayon est de 15 000 parsecs, son épaisseur de 1 000 parsecs. Au-delà, c'est l'espace intergalactique.

Mais notre galaxie n'est pas le seul îlot de matière dans le cosmos. D'autres galaxies, de tailles et de masses semblables, s'y répartissent. Elles sont si lointaines que nous ne pouvons distinguer individuellement les étoiles qui les composent, dont le rassemblement forme une tache lumineuse que nous observons au télescope. Certaines sont analogues à la nôtre, aplaties en disques et présentant des structures spiralées, ou encore en forme de barre ou d'anneau; d'autres possèdent plus sobrement une forme elliptique. Toujours est-il que ces galaxies sont très éloignées les unes des autres puisque l'une des plus proches, la galaxie d'Andromède – que l'on peut percevoir à l'œil nu par les nuits les plus claires – se situe déjà à 1 million de parsecs, soit cent fois notre distance au centre de notre galaxie. Du fait de cette répartition si structurée, une faible proportion du volume de l'univers se trouve finalement remplie de matière dense, le restant étant occupé par un vide intergalactique baigné de rayonnement et parcouru par la lumière émise par les étoiles des galaxies [1].

Ainsi notre univers est-il fait de cette discontinuité d'îles de matière au milieu d'un océan de vide. Mais ces îles elles-mêmes ne sont pas réparties au hasard : les galaxies se regroupent en amas, qui eux-mêmes dessinent des superamas. A des échelles encore plus grandes il devient malaisé de reconnaître la structure exacte car les galaxies, très éloignées, nous paraissent moins lumineuses et sont donc d'autant plus difficiles à observer. D'autre part, comme nous le verrons, la détermination de leur distance, nécessaire pour connaître leur répartition exacte, est délicate et demande beaucoup de temps d'observation avec de puissants télescopes.

Il est important de bien réaliser cette imbrication des structures et de situer les objets à leur échelle. Chacun d'eux peut être étudié en tant que tel et possède une histoire, une

1. Ce vide n'est en fait pas tout à fait vide et la question de son contenu matériel sera discutée plus loin.

évolution propre qui dépend de celle de ses éléments constitutifs sans s'y réduire totalement : impossible d'étudier l'évolution des galaxies sans connaître celle des étoiles qui les composent; impossible de comprendre comment se forme un amas et ce qui s'y passe sans considérer le comportement des galaxies qui le constituent; et enfin, impossible d'étudier l'univers sans s'attarder à examiner ses éléments constitutifs. Il ne sera pas question ici de détailler la morphologie et la physique de tous les objets astrophysiques mais il est indispensable de connaître leur comportement, du moins dans son aspect interactif avec le reste du monde.

Mais notre connaissance de ce contenu de l'univers est en fait subjective. L'aspect de l'univers dépend en effet de la manière dont on l'observe. A l'œil nu, nous ne voyons que les objets les plus lumineux, et qui émettent dans le domaine des longueurs d'onde visibles [1]. Cela réduit l'univers visible au système solaire (Terre, Soleil, Lune, planètes), aux étoiles de notre galaxie et, au-delà, aux trois galaxies les plus proches seulement, le Grand et le Petit Nuage de Magellan, et la galaxie d'Andromède. De plus, cette vision est déformée car des objets peu lumineux en rayonnement visible peuvent avoir une importance cosmologique très grande (du fait de leur masse par exemple) tout en restant invisibles pour nous. L'usage d'une petite lunette ou d'un télescope ne fait guère reculer cette limite.

Seul l'emploi de la photographie, ou d'autres techniques de détection, et l'élargissement de l'astronomie aux autres domaines de longueur d'onde ont permis de se faire une idée plus exacte de notre univers. On a pu ainsi, au-delà des galaxies, détecter les quasars – les objets les plus lointains que l'on connaisse (dont on estime les distances en milliards de parsecs). On a pu également enregistrer un

1. La lumière visible ne constitue qu'une infime partie du spectre électromagnétique qui comprend également radio, infrarouge, ultraviolet, rayons X et gamma.

rayonnement radio émis il y a des milliards d'années, un des indices les plus importants pour comprendre l'histoire de l'univers.

2. La matière et la physique

L'univers offre une grande diversité de conditions physiques, depuis l'intérieur d'une étoile, chaud et condensé, jusqu'au vide intergalactique voisin du zéro absolu, en passant par notre biosphère bien-aimée. Son unité est pourtant tout à fait remarquable. Toute cette variété n'est en fait que la manifestation de quelques lois physiques que nous connaissons pour les avoir expérimentées sur Terre, appliquées dans des conditions appropriées. Ainsi, si nous connaissons la gravitation pour ressentir le poids des choses, nous savons que son attraction est universelle et c'est bien elle qui est responsable de la cohésion des étoiles, des galaxies, des structures encore plus grandes et même de l'univers entier.

De même, les processus d'interaction entre particules ou entre matière et rayonnement qui gouvernent la physique stellaire, ou celle des galaxies actives, sont ceux que décrit la physique atomique ou nucléaire; cette physique doit seulement voir son domaine d'application étendu à des densités, des pressions et des températures inconnues sur Terre. Même si les compositions chimiques rencontrées sont inhabituelles, nous savons maintenant qu'il n'existe pas dans l'univers d'élément chimique qui ne soit présent sur Terre. C'est d'ailleurs l'astrophysique seule qui peut offrir à ces lois une telle occasion d'élargir leur champ d'application. Si une loi se révèle valide jusqu'aux confins de l'univers observable, nous n'en aurons que plus de confiance dans son efficacité à notre mesure. Nous allons essayer – tâche ambitieuse – de présenter brièvement le fonds commun universel à ces lois, considéré comme valable toujours et partout, aussi bien sur la surface de la Terre qu'à l'intérieur d'une étoile dense ou dans la région la plus vide et désolée de l'univers.

Matière et rayonnement sont répartis dans un monde possédant une certaine structure géométrique. Nous ne nous poserons pas ici la question de savoir si cette géométrie possède ou non une existence réelle indépendante de la présence de la matière. Là où il n'y a rien, ni matière ni rayonnement, c'est par définition le vide, mais le vide absolu semble être plutôt une abstraction qu'un objet physique auquel on puisse attribuer une réalité; nous y reviendrons. Ce qui nous intéresse, matière ou rayonnement, remplit ce vide et se caractérise par différents attributs constitutifs : masse, énergie, vitesse, charge électrique, etc. Le comportement de toute cette substance s'explique par les lois de la physique qui la ramènent à la combinaison d'un nombre limité de particules élémentaires, dont la structuration réussit à réaliser la diversité des formes que nous observons.

Ainsi, l'essentiel de la matière que nous côtoyons est-il constitué de particules élémentaires : protons, neutrons et électrons, combinés éventuellement en différents types d'atomes, qui forment eux-mêmes des molécules. Parallèlement, nous sommes environnés de rayonnement électromagnétique visible (la lumière) ou invisible (ondes radio, rayons X, etc.), que la physique décrit sous la forme d'un type particulier de particules, les photons.

Il est remarquable, et c'est un grand succès de la physique contemporaine, que tout notre environnement puisse être quasiment réduit à des combinaisons de ces particules de matière ou de rayonnement. En fait, ce n'est pas tout à fait aussi simple. D'une part il est possible que ces particules ne soient pas élémentaires mais puissent encore être subdivisées en éléments constitutifs plus fondamentaux, tels les quarks. D'autre part, pour rendre compte des interactions entre ces particules, ou des liaisons qui les concernent dans différentes structures – noyau atomique, atome, molécule –, les physiciens ont postulé l'existence de particules supplémentaires qui, bien qu'indétectables directement, ont vu souvent leur existence confirmée par des expériences judicieuses. Ainsi le neutrino, dont le rôle s'est avéré capital en astrophysique et en cosmologie, alors qu'il est totalement sans effet à l'échelle de notre environnement terrestre.

Nous avons distingué, de manière tout à fait naturelle, matière et rayonnement. Pourtant, depuis l'avènement de la mécanique quantique, cette distinction est devenue quelque peu arbitraire puisqu'il est apparu que tous deux relèvent du même type de description : les analogies matière-particules ou rayonnement-ondes sont brisées. Ainsi l'électron se comporte-t-il parfois comme une onde; ainsi la lumière se comprend-elle parfois en termes de particules, les photons. La mécanique quantique décrit le tout en des termes mathématiques qui ne se réduisent ni à l'une ni à l'autre conception. Si la distinction subsiste, elle est d'ordre pratique et non pas formel. On réserve le qualificatif de « matériel » aux particules douées de masse au repos, et capables d'entrer en jeu dans diverses structures; on réserve celui de « rayonnement » à celles qui, tel le photon, sont dépourvues de masse au repos et qui, pour cette raison, se propagent sans cesse à la vitesse de la lumière; elles jouent la plupart du temps le rôle d'intermédiaires pour tel ou tel type d'interaction. Par la suite nous qualifierons de « baryonique » la matière constituée des particules les plus courantes et les plus lourdes, protons et neutrons (qui sont les principaux représentants de la famille des baryons). Ainsi toute la matière que nous côtoyons habituellement est baryonique, alors que les astrophysiciens envisagent parfois l'existence de matière non baryonique, qui serait donc constituée d'autres types de particules.

3. *L'énergie, grandeur universelle*

La propriété fondamentale de la matière comme du rayonnement est de receler de l'énergie. Ce concept qui nous est familier reste valable à toutes les échelles et dans tous les domaines de la physique; s'il domine les préoccupations des économistes, il est omniprésent également dans celles des scientifiques. L'énergie est une grandeur physique que l'on associe à un système et dont la propriété essentielle est d'être toujours conservée. Mais si rien ne se perd ni ne se crée, tout se modifie et nous assistons constamment à des transformations. Le Soleil nous envoie de l'énergie sous forme de rayonnement lumineux; celle-ci est stockée par les plantes sous forme chimique grâce à la photosynthèse. Elle peut alors être transformée en énergie thermique par combustion (de la cellulose synthétisée par les plantes). Cette énergie peut à son tour faire fonctionner un moteur, se transformant ainsi en énergie cinétique (de mouvement). Ce mouvement finira toujours par s'amortir et cet amortissement lui-même n'est rien d'autre qu'une transformation d'énergie cinétique en chaleur.

Tous les systèmes sont ainsi capables de stocker de l'énergie. Un objet en mouvement stocke de l'énergie cinétique tandis qu'un litre d'essence renferme de l'énergie chimique. Cette énergie existe, le tout est de savoir la récupérer. Le rayonnement lumineux cède facilement son énergie au système qui l'absorbe mais ce n'est pas toujours aussi simple. Dire qu'une molécule d'essence contient de l'énergie chimique, c'est sous-entendre qu'un processus de destruction de la molécule par des procédés chimiques (combustion) est capable de libérer cette énergie :

$$\text{Molécule} \rightarrow \text{constituants} + \text{énergie}$$

Mais cette molécule a été créée un jour et, si elle a été formée à partir des mêmes constituants, la nature a dû fournir la même quantité d'énergie.

Parler de l'énergie d'un système n'a de sens que s'il existe une possibilité de la récupérer. Achèteriez-vous un produit contenant une fantastique énergie, sachant qu'aucun moyen ne permet de l'utiliser? C'est un peu dans cette situation que nous nous trouvons vis-à-vis de l'énergie de fusion thermonucléaire. Nous savons que cette énergie existe mais nous sommes encore incapables de l'exploiter. Seules les conditions physiques extrêmes de l'intérieur des étoiles le permettent.

Pour ces raisons, l'énergie n'est généralement définie que de manière relative; relative au processus physique que nous considérons pour la récupérer. L'énergie cinétique d'une voiture, par exemple, est considérée comme nulle si elle est au repos; mais ce repos n'est bien sûr que relatif par rapport à la Terre, qui elle-même possède une vitesse non nulle dans l'espace. Faut-il attribuer à la voiture l'énergie cinétique correspondante? Évidemment non; on pourrait le faire mais ce ne serait pas très pertinent, bien que tout à fait correct.

4. *Énergie et masse*

L'identité masse-énergie est proclamée mais réalise-t-on bien sa signification? La masse c'est de l'énergie, même beaucoup d'énergie. La physique nucléaire nous en fournit l'illustration : dans la réaction de fusion thermonucléaire, responsable de l'émission d'énergie par le Soleil et pressentie comme la solution de nos problèmes énergétiques, 4 protons se combinent pour donner 1 noyau d'hélium en libérant du rayonnement :

$$4\,p \rightarrow He + photon$$

D'autres particules sont en fait émises mais cela ne change pas notre raisonnement pour l'instant. Cette réaction libère de l'énergie, emportée par le photon; nous connaissons d'autre part les masses des différentes particules entrant en jeu et nous nous apercevons que la masse des 4 protons est supérieure à celle du noyau d'hélium (le photon a une masse nulle). La masse n'est donc pas conservée dans cette réaction. De la masse est perdue et seul le photon s'échappe du système, emportant de l'énergie. La conclusion, c'est que la masse perdue s'est transformée en énergie : la masse n'est qu'une forme comme une autre de l'énergie, non immuable. On pourrait aussi qualifier cette énergie de « nucléaire » mais c'est sans ambiguïté qu'elle existe sous forme de masse et nous ne pouvons échapper à cette identité entre masse et énergie dont rend compte la célèbre formule d'Einstein : $E=M c^2$, dans laquelle le facteur c^2 n'est qu'un facteur de transformation d'unités, exprimant le fait que l'on n'a pas l'habitude d'exprimer les masses en unités d'énergie, ce que l'on pourrait faire en toute rigueur mais qui serait tout à fait malcommode dans la vie courante. (Les physiciens des particules le font constamment quant à eux.)

L'identité entre masse et énergie est en fait complète. Si l'on ne mesure pas les énergies habituelles en unités de masse, c'est que les masses qui correspondraient aux énergies disponibles par les moyens courants sont ridiculement petites vis-à-vis de la masse normale qui, elle, représente une énergie énorme, mais que l'on ne sait pas récupérer pour un usage pratique; c'est cela même qui traduit l'importance de l'énergie nucléaire que l'on espère pouvoir extraire un jour de la matière. Ainsi, la masse associée à l'énergie chimique contenue dans 1 gramme d'essence est si microscopique que cela ne vaut pas la peine d'en parler. Inversement, l'énergie de masse associée à la quantité d'essence capable de donner 1 kilowatt-heure atteint une valeur énorme, mais à laquelle on n'a pas accès dans les conditions ordinaires.

Il existe tout de même une circonstance où toute cette énergie de masse se trouve libérée, c'est-à-dire en fait transformée en énergie électromagnétique. Il s'agit d'un type particulier de réaction, dite d'annihilation où une particule donnée – par exemple un proton – rencontre ce que l'on appelle son antiparticule – dans ce cas un antiproton. Cette antiparticule est en fait une particule elle aussi, analogue à la première mais de caractéristiques (charge électrique notamment) opposées. Lors de la rencontre entre un proton et un antiproton, les deux disparaissent (et donc, bien entendu, leurs énergies de masse), tandis que naissent deux photons, sans masse, mais transportant de l'énergie électromagnétique. Mais ce genre de rencontre est très rare dans l'univers actuel, tout simplement à cause de la rareté de l'antimatière. Nous verrons que cela n'a pas été toujours le cas dans l'histoire de l'univers et que ce genre de processus a pu jouer un rôle important dans les premiers instants de son existence.

Comment analyser cette analogie entre masse et énergie? La caractéristique de l'énergie est de pouvoir, au moins théoriquement, se transformer sous une forme qui nous est habituelle et que nous sommes capables de reconnaître. La masse, elle, a pour propriétés d'être inerte et pesante. Nous analyserons plus loin ces notions en parlant de la gravitation, mais sachons que l'inertie traduit la tendance d'un corps à ne pas dévier d'une trajectoire uniforme et rectiligne tant qu'aucune force ne lui est appliquée, tandis que la pesanteur exprime la participation aux interactions gravitationnelles (ou attraction universelle).

L'analogie précédente nous enseigne donc que ce qui « pèse » dans un corps c'est l'énergie qu'il contient (sous forme de masse). C'est si vrai que, en relativité générale, on peut se passer du concept de masse puisque tous les effets dynamiques ou gravitationnels ne sont dus qu'à la présence d'énergie. Ainsi une particule en mouvement pèse plus qu'une particule au repos. En effet son énergie totale se compose de son énergie au repos (ou masse au repos, ou masse propre) augmentée de son énergie cinétique. La masse effective de cette particule n'est alors plus égale à celle qu'elle possède au repos mais lui est supérieure.

Ceci est particulièrement frappant pour le photon qui, bien que de masse au repos nulle, crée et subit des interactions gravitationnelles. Ainsi, d'une part le trajet de la lumière ou des ondes radio peut-il être dévié par les corps massifs [1]. Ainsi, également, le rayonnement électromagnétique représente-t-il de l'énergie, dont la densité – c'est-à-dire la quantité par unité de volume – est bien souvent négligeable, mais qui a joué un rôle déterminant au cours des premiers instants de l'univers [2].

Il n'y a pas de matière sans énergie. La matière peut être considérée comme composée de particules, au repos ou en mouvement, libres ou liées, c'est-à-dire faisant partie de systèmes plus ou moins complexes. Les particules dites de « matière » ont une masse au repos non nulle tandis que celles dites de « rayonnement » ont une masse propre nulle.

5. *Particules et interactions*

La physique que nous connaissons est construite autour d'un très petit nombre de particules : les baryons (protons et neutrons) constituent les noyaux des atomes auxquels les électrons s'associent pour former les atomes proprement dits. Ces trois particules sont à la base de toute la matière que nous côtoyons, peut-être de toute celle de l'univers. Trois antiparticules leur sont associées (antiprotons, antineutrons et positrons); elles n'ont rien de mystérieux et ressemblent à leurs partenaires, hormis qu'elles sont munies d'une charge électrique opposée. Elles se font remarquer par leur rareté qui, comme nous le verrons, reste encore

---

1. La déviation d'un rayon lumineux ou d'un rayonnement électromagnétique par un corps massif est prédite de manière précise par la relativité générale. Ainsi la déviation de la lumière d'une étoile par la masse du Soleil, observée la première fois durant l'éclipse de 1929, fut-elle une importante confirmation de cette théorie. De nos jours, on a enregistré des rayons lumineux en provenance d'astres très lointains, les quasars, déviés par l'attraction gravitationnelle de galaxies ou d'amas de galaxies. Ces effets de lentille gravitationnelle multiplient et amplifient l'image originelle du quasar qui apparaît ainsi multiple, amplifiée et déformée. Nous reparlons de ces effets au chapitre VI, paragraphe 6, p. 96.

2. Au cours des premiers instants de l'univers, la densité d'énergie sous forme de rayonnement excédait de beaucoup celle sous forme de matière et dominait la dynamique de l'univers. Cette situation différente de celle d'aujourd'hui est décrite dans le chapitre sur les modèles cosmologiques.

un mystère pour les cosmologistes (voir chapitre XII-3). Leur propriété la plus intéressante est de pouvoir s'annihiler avec leurs partenaires en donnant du rayonnement, c'est-à-dire des photons. Inversement, deux photons peuvent dans certaines conditions se matérialiser en une paire particule-antiparticule, comme nous l'expliquerons dans le chapitre sur l'univers primordial.

A côté de cette matière (et antimatière) le rayonnement se constitue de particules sans masse. Celui qui nous concerne le plus – le rayonnement électromagnétique, qui englobe ondes radio, infrarouge, lumière visible, ultraviolet, rayons X et gamma – intervient dans la majorité des processus physiques connus. De la même manière qu'il est associé à l'interaction électromagnétique, d'autres types de rayonnements sont associés à d'autres interactions, beaucoup moins manifestes mais dont l'existence est aujourd'hui reconnue par les physiciens. Ainsi, à certaines interactions nucléaires est associée une autre particule, le neutrino qui n'intervient que très rarement dans les processus physiques mais qui pourrait avoir une importance capitale en cosmologie.

Quant à l'interaction gravitationnelle, personne n'a encore prouvé l'existence du graviton qui serait la particule la transmettant. Cette dernière reste en effet rebelle à toute quantification, contrairement à l'électromagnétisme et aux interactions nucléaires, et ne peut actuellement être décrite qu'en termes de rayonnement.

Nous aurons par la suite l'occasion de mentionner d'autres particules, aux noms variés : photinos, gravitinos, axions, etc., ne sont encore que d'hypothétiques créations des physiciens.

Qu'elles soient d'un type ou d'un autre, ces particules ont la faculté essentielle de stocker et de transporter de l'énergie. Les particules massives possèdent avant tout une énergie associée à leur masse propre, ou masse au repos, à laquelle peut s'ajouter une énergie de mouvement ou énergie cinétique, d'autant plus élevée que leur mouvement est rapide.

Pour des vitesses faibles (bien inférieures à celle de la lumière), cette énergie cinétique est très petite devant l'énergie de masse propre si bien que l'énergie totale (qui n'est rien d'autre que la masse apparente) se réduit à cette dernière : la masse apparente ne se distingue pas de la masse propre et semble constante. Au contraire, pour un mouvement rapide, l'énergie cinétique peut dominer : la masse apparente devient alors bien supérieure à la masse propre, l'énergie totale bien supérieure à l'énergie au repos. Ce dernier cas est bien sûr toujours celui des particules de rayonnement puisque leur masse au repos est nulle. Ainsi, les particules en mouvement très rapides, qui sont dites « relativistes », se comportent apparemment comme du rayonnement.

Parmi les particules de rayonnement, les photons sont sans aucun doute les plus répandues et les plus importantes. Ils constituent l'agent de transmission des interactions électromagnétiques et, à ce titre, constituent les principaux intermédiaires entre les différents systèmes de l'univers, véhiculant à la fois énergie et information. Cette énergie peut être associée à la quantité de mouvement du photon, interprété comme une particule; mais l'électromagnétisme peut aussi être interprété d'un point de vue ondulatoire; l'énergie des photons est alors liée à la fréquence de l'onde associée; plus celle-ci est élevée (et plus la longueur d'onde est courte), plus le photon est énergétique. Alors qu'un photon du rayonnement radio (dont les longueurs d'onde se mesurent en mètres, voire en kilomètres) ne représente que très peu d'énergie, un photon gamma peut dépasser l'énergie de masse d'un électron, ou même d'un baryon. Les photons intermédiaires, rayons X, ultraviolets, visibles, infrarouges peuvent transporter les quantités d'énergie juste nécessaires pour modifier l'état d'un atome, ou d'une molécule.

La physique a l'ambition de ramener le compliqué au simple en expliquant les phénomènes rencontrés aux échelles ordinaires comme une combinaison de processus microscopiques élémentaires. Elle a ainsi montré que la diversité de la matière et du rayonnement se réduisait à quelques particules de base. C'est ainsi également qu'elle rassemble tous les processus d'interactions, responsables des mouvements ou des associations structurées entre ces particules, en quatre familles seulement : les interactions forte et faible (qui forment les interactions nucléaires), électromagnétique et gravitationnelle. Nous connaissons bien les deux dernières car leur effet se manifeste concrètement à l'échelle terrestre. Quant aux premières, elles n'exercent leur influence qu'aux échelles voisines de celles du noyau atomique. Nous ne les sentons donc pas directement mais leur effet indirect est considérable puisqu'elles sont responsables de la cohésion de ces noyaux qui forment l'armature de la matière qui nous environne.

Ces quatre interactions diffèrent par leur intensité, leur portée et le type de particules qu'elles concernent. La gravitation joue un rôle particulier car elle ne s'intéresse pas aux particules en elles-mêmes mais à l'énergie (notamment de masse) qu'elles contiennent. La contribution principale à cette énergie étant la masse propre, tout se passe, dans les conditions normales, comme si seule la masse intervenait. Mais il arrive qu'il n'en soit plus de même lorsque de grandes quantités d'énergie sont présentes sans être sous forme de masse propre; c'est le cas de la matière relativiste, ou du rayonnement.

Les effets les plus manifestes de la gravitation sont des effets collectifs; notre poids résulte ainsi de l'attraction combinée de tous les atomes formant la planète Terre. A notre échelle, la gravitation est bien décrite par la loi de Newton qui énonce que son attraction est proportionnelle aux masses des corps interagissant et à l'inverse du carré de la distance qui les sépare. Aux échelles plus élevées, ainsi qu'en présence de forts champs gravitationnels, cette théorie devient insuffisante. C'est souvent le cas en astronomie et c'est la relativité générale qui entre en jeu. Cette théorie de la gravitation, introduite par Einstein en 1917, est conceptuellement différente. Nous en présenterons les grandes idées plus loin.

Les trois autres interactions sont de types différents : ce sont de vraies interactions entre particules, dépendant des charges portées par ces dernières. Ainsi l'électromagnétisme fait intervenir les charges électriques tandis que les interactions nucléaires font intervenir ce que l'on pourrait appeler des charges faibles et fortes. Notons que ces dernières interactions sont décrites dans le cadre de la physique moderne comme des échanges de particules intermédiaires, de type rayonnement : le photon pour l'électromagnétisme, des particules analogues pour les autres. Seule la gravitation, non (encore) quantifiée, échappe à une telle description.

Trois de ces quatre interactions ont la propriété de permettre la formation de structures plus ou moins stables : des nucléons (protons et neutrons) se groupent en noyaux atomiques; des électrons peuvent s'y joindre pour former des atomes qui eux-mêmes peuvent s'associer en molécules; ces dernières peuvent s'agglutiner en poussières ou en objets plus importants. Selon l'environnement physique, et notamment la température, les particules restent libres ou s'associent en structures. Il en est de même à l'échelle de l'astronomie où la gravitation permet et même nécessite la formation de structures telles que planètes, étoiles, galaxies. Un des grands problèmes de la cosmologie est de connaître l'origine de ces structures : comment l'univers a-t-il pu évoluer pour permettre leur apparition? La réponse fait intervenir un équilibre subtil entre ces différentes interactions qui se combinent et bien souvent s'opposent.

II

L'astrophysique, science d'observation

1. Connaissance, observation et lumière

Nous prenons connaissance du monde qui nous entoure par nos sens, principalement la vue et l'ouïe. Ceux-ci sont sensibles à la lumière et aux sons qui, du point de vue du physicien, sont des ondes. Le support de toute la connaissance physique de notre environnement est donc constitué d'ondes et il en est de même pour l'univers extraterrestre. Les sons y sont exclus car ils ont besoin d'un milieu matériel tel que l'air pour se propager et ce dernier est absent de l'espace dont le vide est très poussé. Le premier des messagers reste la lumière et notre sensibilité nous permet une connaissance visuelle de l'astronomie. Les cycles du Soleil et de la Lune rythment ainsi notre existence; l'observation des planètes, du ciel nocturne et des étoiles nous donne les premières notions de la nature de notre univers.

Notre œil est assisté par des télescopes et des caméras mais il reste toujours le dernier maillon de la chaîne et l'astronomie, incapable de créer une interaction avec le cosmos, une expérience, reste une science d'observation. Depuis quelques décennies, les astronomes utilisent comme messager d'information d'autres rayonnements de même nature que la lumière : infrarouge, ultraviolet, ondes radio, rayons X ou gamma. Si nous n'avons pas d'organe spécialisé dans leur détection, les techniques ont permis de construire des dispositifs remplissant ce rôle, entraînant ainsi un élargissement considérable du spectre de nos connaissances.

Tous ces rayonnements électromagnétiques, ne nécessitant aucun milieu matériel pour se propager, traversent les immenses étendues vides de l'univers et apportent jusqu'à nous une information sur les régions les plus reculées du cosmos.

C'est cette information que recueillent les astronomes et qui leur permet d'établir les caractéristiques de l'univers et de son contenu. Il est indispensable d'examiner les processus d'acquisition de cette information – l'observation – afin de se convaincre que notre vision de l'univers n'est pas déformée comme le serait l'apparence d'un monde vu à travers des verres déformants ou colorés.

2. Le rayonnement électromagnétique

Tout ce que nous connaissons de l'univers extraterrestre nous parvient par l'intermédiaire du rayonnement électromagnétique. Celui-ci peut être considéré de deux manières complémentaires, dont aucune n'est suffisante pour décrire l'ensemble de ses propriétés : l'aspect ondulatoire et l'aspect corpusculaire, dont la parfaite synthèse est réalisée par la physique quantique. On peut ainsi considérer le rayonnement comme une onde de champs électrique et magnétique se propageant à la vitesse de la lumière, soit 300 000 km/s. La distance entre deux maxima du champ définit la longueur d'onde qui se mesure en mètres pour le rayonnement radio, mais en micromètres pour la lumière visible, infrarouge ou ultraviolette. Tous ces rayonnements sont en effet de même nature et ne se distinguent que par la longueur d'onde. S'ils nous paraissent si différents c'est que leurs processus d'interaction avec la matière dépendent de manière cruciale de la longueur d'onde. Celle-ci est donc utilisée pour classer ce rayonnement en domaines spectraux où les propriétés sont semblables.

C'est d'ailleurs la seconde manière de voir les choses, l'aspect corpusculaire, qui nous éclaire un peu plus sur les dissemblances entre domaines spectraux. En effet, le rayonnement, lors de son émission, de sa propagation ou de sa réception, interagit avec la matière. Cette interaction n'est bien comprise que si l'on admet que le rayonnement se comporte de manière discontinue, par quantités bien définies, des « quanta ». Ainsi une onde de longueur d'onde donnée λ ne peut échanger, céder ou recevoir qu'une quantité définie d'énergie $E = hc/\lambda$, où h est une constante universelle, la constante de Planck, dont la valeur détermine donc les processus d'interaction. Tout se passe alors comme si le rayonnement était composé de grains distincts, les photons. L'énergie de ces photons, qui représente en quelque sorte le minimum transférable, est d'autant plus élevée que la longueur d'onde est courte. Pour les rayonnements X ou gamma, de longueur d'onde très courte, les photons sont tellement énergétiques qu'ils se comportent comme des particules de matière telles qu'électrons ou protons.

La partie visible du spectre, la lumière ordinaire, joue bien sûr un rôle privilégié puisque c'est à elle seule que nous sommes sensibles. C'est elle qui jusqu'au XXe siècle a été le seul messager de l'univers extraterrestre. Le développement de la radioastronomie et des satellites d'observations X, gamma ou ultraviolettes vinrent ensuite compléter le tableau. Les techniques d'observations sont fort différentes, les renseignements fournis complémentaires. Sans détailler les moyens utilisés, présentons brièvement quelques types d'observations possibles en examinant les connaissances qu'elles permettent de fournir. Nous n'envisagerons bien sûr ici que celles présentant un intérêt direct pour la cosmologie.

LE RAYONNEMENT ÉLECTROMAGNÉTIQUE

	DOMAINE RADIO	INFRAROUGE	VISIBLE	ULTRAVIOLET	RAYONS X	RAYONS GAMMA
Longueur d'onde	1 km	1 m	1 mm	1 µm = 10 000 Å	1 Å	10^{-3} Å
Collecteur et détecteur	Radiotélescopes Antennes	Télescopes œil photo TV (photocathodes) détecteurs électroniques (CCD, CID...)			Détecteurs de particules hors de l'atmosphère (ballons, fusées, satellites)	

Le tableau donne la répartition des différents domaines de longueur d'onde du rayonnement électromagnétique. A chaque domaine correspond une énergie du « grain de lumière », le photon. C'est cette énergie qui décide du choix du dispositif de détection correspondant.

Principe des observations

La plupart des astres observés sont intrinsèquement très lumineux et émettent, dans un certain domaine spectral – qui n'est pas le même pour chacun –, une quantité d'énergie énorme à l'échelle terrestre. Ils sont pourtant si éloignés que la faible proportion qui nous atteint se situe bien souvent à la limite des possibilités de détection que permet la technique, malgré les prouesses des astronomes qui sont donc les champions de la détection des rayonnements extrêmement faibles. C'est d'ailleurs le progrès de ces techniques qui permet régulièrement la découverte de nouveaux objets astronomiques.

Il en résulte que la tâche première de l'observateur de l'univers est de rassembler la plus grande quantité possible de ce rayonnement émis par les sources disséminées dans l'univers. C'est dans ce but qu'il utilise d'énormes collecteurs, miroirs de télescope pour la lumière, antennes ou paraboloïdes pour les ondes radio. Ces collecteurs agissent vis-à-vis de la lumière comme de gigantesques entonnoirs, la concentrant dans une zone appelée « foyer » où il ne reste qu'à placer un détecteur. L'image de la source au foyer est d'autant plus brillante que le collecteur est étendu, interceptant davantage de photons. Cette image doit ensuite être enregistrée. La plaque photo, ou une caméra, seconde utilement l'œil dans cette tâche pour la lumière; mais les autres domaines spectraux exigent des dispositifs bien spécifiques qui transforment le rayonnement initial en un signal que nous sommes capables d'interpréter.

Historiquement, la plaque photo fut le premier détecteur utilisé par les astronomes et elle entraîna un progrès considérable. Elle peut en effet enregistrer des photons arrivant pendant une longue durée (le temps de pose pouvant aller jusqu'à quelques heures) tandis que l'œil se limite à la petite quantité arrivant en 1/25e de seconde, temps de la persistance rétinienne. Depuis lors, de nombreux autres détecteurs ont été introduits, dont la sensibilité est parfois extrême. Ainsi, les derniers en date (dispositifs à transfert de charge ou CCD) enregistrent 1 photon sur 2 environ alors que l'œil en laisse échapper 999 sur 1 000. Ces détecteurs sont très variés et leur spécialisation est de plus en plus poussée. Ils doivent être adaptés au domaine spectral envisagé mais aussi au type d'information que l'on désire obtenir. Le choix du détecteur (et aussi bien sûr du télescope) constitue une part importante du processus d'observation. Le détecteur restitue ensuite sous une forme enregistrable (le plus souvent un signal électrique) l'information qu'il a extraite du rayonnement.

3. L'information et l'astronomie

Tout ceci n'a d'intérêt que dans la mesure où le rayonnement transporte une certaine information relative à la source qui l'a émise. Extraire et analyser cette information, c'est le rôle de l'observateur. Le simple fait qu'une source émette du rayonnement est déjà une information en soi : la source est là; on ne peut nier sa présence; on la voit éventuellement se déplacer (un déplacement n'est observé directement que dans très peu de cas : celui des planètes et de quelques étoiles proches) et il faut expliquer ce mouvement. Le fait qu'elle émette dans un domaine spectral plutôt qu'un autre constitue un degré de plus dans la connaissance. Une source émettant des rayons X ou gamma voit probablement se produire en son sein des phénomènes extrêmement violents, mettant en jeu des énergies plus élevées que pour une source radio ou optique. De même que sa couleur nous renseigne sur la température d'un corps incandescent, la répartition de l'énergie émise par une source entre les différents domaines spectraux nous donne idée de sa température également. La répartition de la lumière visible en différentes couleurs reproduit en effet exactement la division du rayonnement électromagnétique en domaines spectraux : si la lumière est un domaine spectral de ce rayonnement, les couleurs en sont des sous-domaines. D'autres subdivisions sont utilisées : on distingue ainsi les rayons X durs, les plus énergétiques, des rayons X mous; quant aux ondes radio, on parle de « millimétriques », « centimétriques », « décimétriques », etc., selon leur longueur d'onde.

Chaque domaine ou sous-domaine spectral apporte une information bien spécifique, et qui ne concerne pas que la température. On parle ainsi d'information spectrale. Mais pour en profiter au mieux, il faut diviser encore le rayonnement en domaines de plus en plus étroits. C'est le principe de la spectroscopie : il s'agit de diviser les domaines spectraux en sous-domaines extrêmement minces (on parle de « résolution spectrale ») et d'examiner la répartition du rayonnement entre ces sous-domaines. C'est ce que nous faisons en décomposant à l'aide d'un prisme la lumière solaire (comme le fait de manière naturelle l'arc-en-ciel). Il suffit de placer un détecteur tel qu'une plaque photo pour enregistrer le spectre ainsi formé et connaître la répartition de la lumière en fonction des différentes couleurs. Cette simple observation permet de connaître la température de la zone du Soleil qui émet cette lumière. Le principe du spectrographe (ici le prisme) est de transformer l'information spectrale en une information spatiale lisible à l'œil : le spectre.

En toute généralité, le but d'une observation est finalement d'extraire une certaine information; cette dernière peut être spatiale, se présentant sous forme d'une image; elle peut aussi être numérique, auquel cas le signal sortant du détecteur se manifeste en général sous la forme d'un courant électrique, lui-même mesuré, numérisé et enregistré par un ordinateur.

Nous avons dans ce qui précède parlé d'information spectrale. Elle peut apparaître sous une forme particulière : les raies spectrales. Leur importance est capitale en astronomie car ce sont elles qui permettent de reconnaître la matière constituant l'univers. On observe en effet, à des longueurs d'onde bien déterminées, de brusques augmentations ou diminutions de l'intensité lumineuse, qui se traduisent par autant de raies sombres ou brillantes sur le spectre. De telles raies ne sont pas surprenantes puisqu'on les observe également dans le spectre de la lumière émise par les différentes sources en laboratoire. On s'est même aperçu qu'une grande partie de ces raies émises par des astres lointains l'était exactement aux mêmes longueurs d'onde que celles produites en laboratoire.

Ces raies sont révélatrices de phénomènes bien spécifiques, que décrit la physique atomique. Chacune correspond à la présence d'un élément chimique bien particulier, dans un état physique déterminé. Il s'agit donc d'un véritable code : l'observation de telle ou telle raie, dans une certaine étoile, permet de conclure à la présence de tel élément chimique dans cette étoile et de connaître sa concentration, sa température et bien d'autres caractéristiques. C'est la physique atomique, et en dernier ressort la mécanique quantique, qui nous indique comment obtenir de tels résultats et qui nous assure que la longueur d'onde d'un élément donné est toujours la même. (Nous verrons plus loin qu'il peut exister un décalage entre la longueur d'onde d'émission et celle de réception et que ce décalage lui-même est porteur d'une information supplémentaire. Ceci ne fait qu'ajouter à l'intérêt de l'observation de ces raies.)

Point n'est besoin d'entrer dans les détails pour s'apercevoir que la spectroscopie, étude du continu ou des raies, est absolument capitale en astrophysique. Elle nous renseigne sur la température, la composition chimique, la concentration des corps peuplant l'univers. Elle permet même souvent de connaître leur vitesse et indirectement leur position. Son importance traduit le fait que la majeure partie de l'information contenue dans le rayonnement l'est sous forme spectrale.

Malheureusement l'extraction de cette information nécessite l'analyse de la lumière reçue dans un intervalle très étroit en longueur d'onde (c'est la résolution spectrale). Dans un intervalle aussi mince, la quantité de lumière est très faible, parfois trop faible pour être décelée, malgré la sophistication des techniques de détection utilisées. C'est donc le plus souvent des considérations techniques qui limitent la quantité d'informations que l'on peut obtenir sur les objets, et cela d'autant plus qu'ils sont plus éloignés et donc apparemment moins lumineux.

Toute observation, dans la pratique, même la plus banale photo ou le plus simple coup d'œil, est effectuée dans un intervalle spectral limité de longueur d'onde, ne serait-ce que par la sensibilité du détecteur. Toute observation fait donc intervenir au moins une certaine quantité d'informations spectroscopiques. C'est alors à l'observateur de choisir au mieux le domaine spectral dans lequel il officie en fonction du type d'information qu'il veut obtenir. Ce choix commence par celui du détecteur mais peut s'ajuster par l'utilisation de filtres, comme ceux par exemple qui ne laissent passer qu'une couleur. L'observation se réduit alors à une mesure de l'intensité du rayonnement dans l'intervalle spectral considéré; on parle alors de « photométrie ». Si cette mesure est effectuée simultanément en plusieurs points de la source, on obtient bien sûr une image et l'on parle alors d'« imagerie ». Le terme de « spectrophotométrie » est parfois employé, rappelant qu'une certaine quantité d'information spectrale est toujours présente.

Puisque l'observation du ciel s'est étendue à tous les domaines du rayonnement électromagnétique, il faut aujourd'hui préciser à quel domaine spectral l'on s'intéresse; ainsi celui auquel est sensible notre œil, la lumière visible [1], définit l'astronomie du visible ou astronomie optique. Elle possède un riche passé mais son avenir n'en est pas moins prometteur grâce à l'accès à de grands télescopes de qualité. La France, bénéficiant d'une part du Télescope Européen Austral (au Chili) et partageant d'autre part avec les Canadiens et l'université d'Hawaii le télescope CFH au sommet du plus haut volcan de ces îles – un des meilleurs au monde –, est ainsi très bien placée dans ce domaine. Par ailleurs, le télescope spatial Hubble, que la NASA doit mettre en orbite en 1988, promet une moisson d'informations que les astronomes attendent avec impatience.

Effectuer une observation, c'est extraire de l'information du rayonnement que nous envoie l'objet étudié. Les caractéristiques de ce rayonnement dépendent en effet de ses conditions physiques : un objet chaud émet du rayonnement plus énergétique qu'un objet froid. D'autre part, certains détails précis de ce rayonnement nous informent sur la composition chimique, la densité ou les conditions d'excitation.

Historiquement, l'astronomie fut d'abord stellaire, s'intéressant aux objets ponctuels brillants, c'est-à-dire les étoiles. Son champ d'applications s'étendit par la suite à des astres moins lumineux et étalés dans l'espace : nébuleuses gazeuses, puis galaxies extérieures à la nôtre; enfin, beaucoup plus loin encore, amas de galaxies et quasars.

Pour un objet ponctuel, l'information réside essentiellement sous forme spectrale; elle se trouve en premier lieu dans la répartition du flux entre les différentes couleurs du spectre visible : une étoile jaune est plus chaude qu'une étoile rouge, mais moins qu'une étoile bleue. Les astronomes

1. Le domaine visible ne correspond en fait qu'à une toute petite partie du spectre électromagnétique. Il s'étend de 450 à 700 nanomètres, soit à peine une décade en longueur d'onde alors que, des rayons gamma à la radio, nous savons aujourd'hui en détecter plus de 15; c'est pourtant de ce domaine que provenait récemment toute notre information sur l'univers.

quantifient ces différences en définissant de manière précise des systèmes où les « couleurs » sont des intervalles limités en longueurs d'onde. De tels systèmes permettent de comparer et d'homogénéiser les différentes observations.

Les mesures photométriques se réduisent alors à des mesures de flux lumineux dans ces intervalles spectraux bien définis (que l'on isole à l'aide de filtres par exemple).

Si l'on s'intéresse plus précisément à la variation du flux lumineux avec la longueur d'onde, on fait de la spectroscopie. La photométrie à plusieurs couleurs constitue un premier pas mais ne distingue que des intervalles spectraux larges (plus que 100 angströms). On définit la résolution spectrale comme la longueur de l'intervalle spectral minimum décelable : plus elle est faible (elle peut être de 1 angström), plus la mesure est fine et précise mais cette précision est limitée dans la pratique par la faible intensité du flux reçu dans un si petit intervalle : dans un intervalle de 1 angström, on reçoit *a priori* mille fois moins de photons que dans 1 000 angströms, et le flux lumineux risque d'être trop faible pour pouvoir être enregistré.

Ainsi l'astronomie se divise en photométrie et en spectroscopie selon que l'on s'intéresse plus ou moins à l'information contenue sous forme spectrale. En dehors des étoiles existent de nombreuses sources non ponctuelles comme les galaxies. En faire la photométrie, c'est s'intéresser à leur structure spatiale et l'on parle le plus souvent d'« imagerie », ce qui revient à faire la photométrie simultanée de tous les points de la source. Si l'on veut vraiment s'intéresser aux détails on utilise parfois des méthodes interférentielles.

La cosmologie imposant de regarder des objets éloignés, on reçoit d'eux peu de lumière, même si les objets sont intrinsèquement très brillants. De grands télescopes et des détecteurs ultrasensibles sont donc nécessaires.

4. *Observer l'invisible*

Le principe des observations dans les autres domaines de longueurs d'onde est semblable : elles se séparent en photométrie et en spectroscopie. Les techniques changent et la résolution spatiale, c'est-à-dire la taille du plus petit détail observable (1 seconde d'arc environ en optique), ainsi que la résolution spectrale, séparation minimale entre des longueurs d'onde discriminables, sont de ce fait modifiées.

En radio, les collecteurs sont de gigantesques antennes, dont le diamètre peut atteindre plusieurs dizaines de mètres. Les méthodes interférentielles sont extrêmement développées et permettent d'obtenir d'excellentes résolutions spatiales au prix de longues durées d'observation et en utilisant simultanément plusieurs antennes dont la séparation peut dépasser le millier de kilomètres. La cartographie des radiosources peut donc être effectuée avec une précision de l'ordre du 1/1 000e de seconde d'arc, dépassant de loin celle de l'optique.

La résolution spectrale, elle aussi très élevée, permet de mesurer très précisément la longueur d'onde d'une raie spectrale, ce qui autorise, comme nous le verrons, la détermination avec autant de précision de la vitesse d'éloignement (ou de rapprochement) d'une source, et même de chaque point de la source, par l'intermédiaire du décalage spectral.

Une partie du domaine radio, le millimétrique (de longueur d'onde voisine du millimètre) se situe à la frontière du rayonnement infrarouge. Ce domaine d'intérêt primordial pour la cosmologie est actuellement en plein développement, il permet en effet les observations remontant le plus loin dans le passé de l'univers.

Les autres domaines, ceux des rayons X et des rayons gamma, ont connu un vif développement ces dernières années grâce à la maîtrise des techniques spatiales, condition nécessaire aux observations dans ces domaines [1]. A cause de la nature plus énergétique des photons correspondants, les résolutions spatiale et spectrale sont beaucoup moins bonnes qu'en optique. De nombreuses observations nous ont néanmoins permis d'augmenter nos connaissances, particulièrement sur les objets les plus lointains peuplant l'univers : galaxies actives, quasars et amas de galaxies.

1. Ces rayonnements sont en effet (heureusement pour notre survie) absorbés par l'atmosphère terrestre. Leur détection exige donc de s'en affranchir : ces observations relèvent du domaine spatial. De manière générale, quel que soit le domaine de longueur d'onde, l'observation spatiale apporte de meilleures performances au prix d'un appareillage plus complexe.

Deuxième partie

GÉOMÉTRIE ET DYNAMIQUE

III

Comment mesurer l'univers?

1. Espace et géométrie

Comment établir les propriétés géométriques de l'univers? La seule possibilité passe par l'observation des étoiles, galaxies, quasars qui le peuplent. Ceux-ci nous servent de jalons, de repères qui se mettent en place les uns par rapport aux autres. Après avoir reconnu la disposition du système solaire, puis de notre galaxie, puis de l'ensemble des galaxies proches – que l'on nomme l'amas local – les astronomes s'intéressent à des objets beaucoup plus lointains. Ils peuvent alors cartographier l'univers à beaucoup plus grande échelle, et même remonter son histoire. La cosmographie est certainement une des sciences les plus anciennes mais les limites de son champ d'applications ont bien reculé depuis l'Antiquité. Elle définit – pourrait-on dire – une des branches les plus fondamentales de l'astrophysique puisqu'elle s'intéresse à la structure géométrique, temporelle et spatiale de l'univers, sans s'occuper de la nature des objets qui le peuplent.

Quelques préliminaires s'imposent; certaines notions qui nous semblent l'évidence même doivent en effet être remises en cause, ce qui peut heurter notre intuition. Ainsi, sans doute, certains eurent-ils du mal à accepter la rotondité de la Terre ou son mouvement de rotation sur elle-même; de même il nous faudra sans doute abandonner quelques préjugés bien ancrés avant d'espérer comprendre l'univers.

Nous connaissons la géométrie de notre univers proche : nous savons que l'espace est à trois dimensions, bien décrit par la géométrie euclidienne, où les parallèles ne se rencontrent jamais. Nous savons que le temps s'écoule, identiquement en tout point de cet espace et qu'il est souvent commode de comparer ce temps à l'une des trois dimensions spatiales et de parler d'univers à quatre dimensions même si ceci n'est rien de plus qu'un jeu de mots aux prolongements intéressants. Nous n'aborderons pas ici certains problèmes fondamentaux tels que l'origine de ces quatre dimensions et leur séparation en temps et espace. Nous devons néanmoins garder à l'esprit que de telles « évidences » peuvent être remises en cause. Ainsi, il est possible qu'existent des singularités, états bien particuliers dans l'histoire de l'univers où celui-ci aurait vu son nombre de dimensions réduit et où l'espace et le temps auraient pu se confondre ou s'échanger. Si de telles configurations intéressent les cosmologistes, qu'ils les placent soit au moment de l'origine de l'univers, soit lors de la formation d'hypothétiques trous noirs, il n'existe pas de théorie physique rendant compte complètement de ces phénomènes, faisant notamment la synthèse de la gravitation et de la physique quantique, si bien que tout ceci reste au niveau de la spéculation.

Sans aller jusqu'à remettre en cause des notions aussi solidement implantées dans nos esprits, le cosmologiste se trouve sans arrêt confronté à des problèmes particuliers; le seul fait de vouloir interpréter les observations sans entrer en contradiction avec les lois de la physique l'amène au-devant de difficultés redoutables. L'approche que nous suivrons est d'adopter la démarche la plus naïve possible, qui se compliquera au fur et à mesure des difficultés rencontrées.

Ainsi, pour connaître la géométrie de l'univers il est

naturel de s'intéresser à la disposition des objets qui le peuplent, c'est-à-dire essentiellement des galaxies. Ceci n'est pas si simple car elles ne nous apparaissent qu'en projection et nous ne savons même pas, *a priori*, lesquelles sont les plus éloignées. Une dimension, la profondeur, nous est perdue et il nous faut la reconquérir; c'est une des tâches les plus fondamentales des cosmologistes et elle est encore loin d'être totalement accomplie. Le premier pas est naturellement d'acquérir la possibilité de déterminer les distances (éloignements) des astres que nous observons.

2. *Comment mesurer les distances?*

La reconnaissance de la forme et des limites de notre galaxie, ainsi que celle de la structure hiérarchique de la matière peuplant l'univers est le préliminaire nécessaire à la mesure des distances. Nous voulons connaître l'éloignement de tous les objets célestes qui nous sont inaccessibles. Il est naturel de commencer par les plus proches, à l'intérieur ou près de notre galaxie, après quoi nous irons de plus en plus loin.

Une méthode directe, appelée « triangulation cosmique », peut être utilisée pour cela avec une bonne précision, bien qu'elle ne permette pas de dépasser les limites de notre galaxie et ne constitue donc qu'une première étape. Au-delà, les astronomes ont établi une hiérarchie d'objets, de sorte qu'il est possible de connaître l'éloignement de l'un d'eux par rapport à celui du précédent. Cette échelle des distances permet donc, de proche en proche, de déterminer les positions des objets peuplant l'univers.

Triangulation et parallaxe

L'emploi de la triangulation cosmique vient à l'esprit comme l'idée la plus naturelle pour établir la cartographie de ce qui nous entoure. Cette méthode, analogue à celle couramment employée par les géomètres, nécessite une base de distance dont la longueur conditionne la précision de la mesure, l'observateur devant être capable de se rendre aux deux extrémités de cette base. Le principe de la méthode est simple : de deux points, nous voyons un même objet dans deux directions légèrement différentes (c'est ainsi que de la vision binoculaire provient l'impression de relief), l'angle entre ces deux directions étant inversement proportionnel à l'éloignement de l'objet observé. En ce qui concerne la triangulation cosmique, les valeurs de ces angles sont d'autant plus élevées, et donc d'autant plus faciles à mesurer que la longueur de la base de distance est grande.

La plupart des distances terrestres s'avèrent trop courtes pour permettre des mesures efficaces (à l'exception de la Lune et du Soleil) et les astronomes ont eu l'idée, dès le siècle dernier, d'utiliser le mouvement de la Terre dans l'espace pour effectuer leurs observations depuis des points très éloignés l'un de l'autre. Ainsi, en six mois de temps, la Terre se déplace-t-elle sur son orbite d'une distance égale à deux fois la distance Terre-Soleil, qui devient donc une base de distance utilisable. Il devenait alors possible d'acquérir la précision nécessaire pour mesurer les éloignements des étoiles les plus proches.

On utilise donc cette base de triangulation, et l'angle θ ayant l'étoile pour sommet se nomme la « parallaxe ». Il faut, pour la mesurer, être capable de mettre en évidence une séparation angulaire de l'ordre de θ dans la direction de l'étoile, et ceci à six mois d'intervalle. Cela n'est pas facile, même si l'on peut se servir des étoiles éloignées comme référence, car les parallaxes sont inférieures à la seconde d'arc et au pouvoir de résolution des télescopes actuels. Néanmoins, les premières mesures eurent lieu au siècle dernier et permirent aux astronomes de définir une unité de distance : le parsec. C'est par définition la distance d'une étoile dont la parallaxe vaudrait 1 seconde d'arc. Il a pour valeur 3.1×10^{13} kilomètres. La distance de l'étoile la plus proche est de 1.3 parsec, si bien que, depuis sa position, on verrait l'orbite terrestre sous un angle de 1/1,3 = 0,7 seconde d'arc. La méthode est applicable jusqu'à 30 parsecs environ, distance jusqu'à laquelle on connaît quelques milliers d'étoiles. Mais c'est encore bien peu puisque le diamètre de notre galaxie est mille fois supérieur.

Il est regrettable que cette méthode ne soit pas applicable au-delà car c'est finalement la seule qui soit vraiment précise et exempte d'erreurs; or la cosmologie s'intéresse à ce qui est beaucoup plus lointain. On connaît ainsi les distances de quelques dizaines d'étoiles avec une précision de l'ordre de 1 %. Après quoi cette précision se dégrade avec l'éloignement. Cependant toutes les autres déterminations de distance reposent sur les parallaxes qui sont donc à la base de tout le fragile édifice si fondamental en cosmologie. D'où l'importance du futur satellite Hipparcos (acronyme de « High Precision Parallax Collecting Satellite ») qui doit être lancé vers 1990. Il utilisera l'excellente qualité des images obtenues hors de l'atmosphère pour déterminer les parallaxes avec précision. On s'attend à pouvoir ainsi calibrer environ 100 000 étoiles en atteignant, et c'est là l'important, une distance d'environ 100 parsecs. Ceci permet, non de sortir de la galaxie, mais de bien mieux calibrer les échelons suivants de l'échelle des distances, notamment celui des étoiles céphéides que nous décrirons plus loin.

Une méthode voisine quoique beaucoup moins précise peut être appliquée aux amas stellaires, groupes d'étoiles supposées à la même distance et possédant la même vitesse. Elle exige la détermination des positions, des vitesses radiales (mesurées par spectroscopie) et des mouvements propres de chaque étoile. Ces derniers sont une source majeure d'imprécision car ils exigent de repérer des variations minuscules de position angulaire sur des intervalles de temps de plusieurs années. A cause d'eux, la précision d'une telle mesure ne peut dépasser 15 % dans le meilleur des cas. C'est néanmoins de cette façon que l'on détermine la distance de l'amas des Hyades, un des amas les plus proches; et c'est grâce à cette détermination que l'on peut connaître les distances des plus proches étoiles céphéides et donc utiliser ces dernières comme indicateurs de distance comme nous allons le voir. Seules ces deux méthodes devraient permettre, en principe, des estimations exactes. Ce n'est cependant pas le cas à cause de l'imprécision des mesures qui interdit de dépasser les dimensions de notre galaxie. Il y a heureusement une suite.

3. *Distance-luminosité et distance-diamètre*

Une même source lumineuse nous paraît d'autant moins brillante qu'elle est plus distante : pour une luminosité intrinsèque donnée (émise à la source), son éclat apparent est d'autant plus faible que l'observateur est éloigné. Les lois de l'optique nous indiquent que cet éclat diminue comme le carré de l'éloignement : si nous sommes deux fois plus loin la source est quatre fois moins brillante. Ainsi, le rapport des éclats de deux sources supposées identiques nous permet-il de calculer le rapport de leurs éloignements. On est donc capable de mesurer, au moins de manière relative, une distance-luminosité.

Il en est de même pour les dimensions apparentes des objets. Personne n'est surpris qu'un même objet apparaisse d'autant plus petit qu'il est plus éloigné. L'angle sous lequel nous le voyons, c'est-à-dire sa taille angulaire, varie comme l'inverse de la distance. Ainsi la taille angulaire apparente d'un objet dont nous connaissons les vraies dimensions nous permet d'établir sa distance-diamètre.

Pourquoi parler de distance-luminosité et de distance-diamètre et non pas de distance tout simplement? Deux raisons à cela. La première est due au fait qu'en astronomie les mesures d'éclat apparent ou de diamètre angulaire comportent de grandes incertitudes et des erreurs parfois difficiles à évaluer. Les mesures de distances qui en découlent sont entachées des mêmes imprécisions qui dépendent de la méthode, et il est important de le savoir lorsque l'on manipule les distances ainsi estimées. La seconde raison vient du fait que les lois de variations, comme l'inverse de l'éloignement ou son carré, ne sont rigoureusement établies que dans le cadre de l'optique habituelle mais elles peuvent être modifiées par le passage du rayonnement dans l'univers dont les propriétés sont différentes de celles de l'espace local. A l'échelle cosmologique il n'existe pas d'autre moyen que ceux que nous venons de citer pour estimer les distances. Ils constituent donc des définitions de cette grandeur, définitions qui ne sont pas tout à fait équivalentes et que le vocabulaire doit donc permettre de distinguer.

Distance-luminosité et distance-diamètre se confondent dans la partie proche de l'univers avec la distance ordinaire et permettent de prolonger l'échelle des distances dont la triangulation cosmique constitue la base. L'emploi de ces méthodes exige naturellement la connaissance soit de la luminosité absolue, soit du diamètre exact de la source qui nous intéresse; il n'est évidemment pas question d'aller sur place en effectuer la mesure et nous en sommes réduits aux hypothèses dont l'imprécision rejaillit hélas nécessairement sur nos déterminations d'éloignements. Une estimation absolue de ces grandeurs n'est possible que si l'on connaît la nature de la source en question; mais on n'a actuellement, sauf très rares exceptions, que des modèles imprécis et incertains de ces sources, ce qui est insuffisant. On en est alors réduit à des observations comparatives : si deux galaxies, deux étoiles ou deux sources quelconques apparaissent suffisamment semblables, il est naturel de supposer que leurs luminosités ou leurs dimensions sont également identiques. La comparaison de leurs caractéristiques apparentes permet donc de déterminer leurs éloignements relatifs.

4. *Les indicateurs de distance*

La technique consiste donc à dégager des familles d'objets suffisamment homogènes pour servir de références, d'étalons de luminosité ou de dimension. On parle alors d'indicateurs de distance, ou bien de chandelles standard et de longueurs standard. Parmi eux se distinguent les indicateurs primaires, dont la distance se détermine par une méthode de triangulation (donc indépendamment de toute propriété intrinsèque), et les indicateurs secondaires, trop éloignés pour que cette méthode soit utilisable.

Les indicateurs primaires sont tous des étoiles proches du Soleil; parmi elles, une classe particulière d'étoiles variables, celle des céphéides, joue une rôle privilégié. L'éclat d'une telle étoile évolue en effet avec une période bien déterminée et reliée à sa luminosité absolue. La mesure, aisée, de cette période permet donc d'estimer l'éclat absolu et la comparaison avec l'éclat apparent fournit donc l'éloignement. Il est finalement aisé de comprendre pourquoi cette famille joue un rôle dans l'établissement de l'échelle des distances. D'une part, certains membres sont assez proches pour voir leurs distances déterminées par triangulation; d'autre part, leur luminosité absolue peut être estimée de bonne manière. Enfin, elles sont assez brillantes pour que certaines puissent être observées dans d'autres galaxies, permettant d'estimer les distances de ces dernières. Ce sont elles qui permirent à l'astronome américain Edwin Hubble, en 1923, d'établir définitivement la nature extragalactique de certaines nébuleuses et d'évaluer leurs distances, prouvant ainsi ce qui n'était auparavant qu'une hypothèse : l'existence d'« univers-îles » extérieurs à notre galaxie.

Tout n'est en fait pas aussi facile qu'il apparaît : les céphéides les plus proches ne le sont pas assez pour que leur distance soit déterminée avec une très bonne précision; d'autre part, il existe toujours une certaine imprécision dans la détermination des éclats apparents, et peut-être même des erreurs systématiques [1]. Enfin, plusieurs types de céphéides existent (différant notamment par leurs compositions chimiques) si bien qu'il faut en tenir compte dans les déterminations de distance. C'est ainsi que, depuis Hubble, les distances des galaxies les plus proches ont été révisées plusieurs fois, au total d'un facteur de l'ordre de 10.

Les céphéides ne sont visibles que dans quelques galaxies proches de la nôtre, les seules dont on puisse donc estimer les distances par cette méthode; mais le progrès est tout de même énorme puisque nous sortons enfin de notre galaxie, passant de l'échelle de quelques parsecs pour les étoiles proches (qui relèvent de la parallaxe) à celle du million de parsecs pour les galaxies les plus voisines, dites du « groupe local ». Les céphéides constituent les plus précis des indicateurs primaires, sans lesquels nous connaîtrions bien mal les distances cosmologiques. Elles ne sont pas les seules puisque l'on peut utiliser toute classe d'objets suffisamment homogène et dont un représentant au moins est assez proche pour que la méthode de parallaxe lui soit applicable. Étoiles brillantes (dites « supergéantes » rouges ou bleues), étoiles en explosion (« novae » ou « supernovae ») complètent utilement les résultats obtenus à partir des céphéides. L'ensemble des indicateurs primaires ne permet pas, néanmoins, de dépasser une vingtaine de millions de parsecs, ce qui confine à l'environnement de notre galaxie et reste nettement insuffisant pour la cosmologie.

Pour aller plus loin il faut s'intéresser à des objets plus brillants. Les étoiles, même surlumineuses, ne sont plus distinguables individuellement au-delà de l'échelle du groupe

1. La luminosité apparente d'un astre peut néanmoins être diminuée du fait de l'absorption de la lumière par le gaz ou les poussières de notre galaxie se trouvant sur la ligne de visée. Pour avoir l'espoir d'une bonne détermination de distance, il faut corriger cet effet et donc estimer cette absorption; les astronomes sont loin d'être unanimes sur ce point, en grande partie à l'origine de la controverse sur l'échelle des distances.

local, si bien qu'il faut trouver d'autres indicateurs de distance. Le problème est que, parmi les membres des nouvelles classes définies, aucun n'est suffisamment proche pour voir sa distance estimée par parallaxe. Il faut donc évaluer leur éloignement par comparaison avec d'autres objets voisins dont on connaît l'éloignement; ce sont les indicateurs primaires qui jouent ce rôle. On conçoit aisément que la précision des estimations diminue avec l'éloignement. Pour ces indicateurs secondaires, les erreurs existant déjà au niveau des indicateurs primaires s'ajoutent à celles commises par la suite.

Quels objets choisir alors? Les amas globulaires, rassemblements sphériques de plusieurs milliers d'étoiles dont les luminosités s'ajoutent, semblent convenir. De manière similaire les régions HII, grands nuages de gaz ionisé lumineux, sont observables aussi bien dans notre galaxie que dans ses voisines. On arrive ainsi jusqu'à la centaine de millions de parsecs, mais ce sont là encore les galaxies les plus proches de la nôtre.

Comment estimer alors la distance d'une galaxie trop lointaine pour que l'on puisse y distinguer un amas d'étoiles ou une région HII? Reste à utiliser la galaxie elle-même comme indicateur de distance, c'est-à-dire supposer que ses propriétés (luminosité et dimensions) sont suffisamment semblables à celles de ses congénères pour que l'on puisse en déduire une distance. C'est évidemment faux si la galaxie est prise au hasard : luminosité et dimensions de ces objets varient d'un objet à l'autre d'un facteur pouvant atteindre le millier. Cependant, certaines classes plus restreintes de galaxies montrent une homogénéité de propriétés qui permet une utilisation efficace. Ainsi la galaxie la plus brillante dans un amas de galaxies garde-t-elle, d'un amas à l'autre, une luminosité à peu près constante, ce qui permet d'évaluer la distance de cet amas en l'utilisant comme chandelle standard. C'est donc un outil précieux pour les cosmologistes. Néanmoins, regarder loin, c'est aussi regarder loin dans le passé, si bien que l'on voit des objets à un âge encore peu avancé. La luminosité des galaxies variant probablement avec l'âge, leur qualité de chandelle standard en est diminuée d'autant. Il en est de même pour les autres indicateurs secondaires : taille des galaxies, des amas de galaxies ou des radio-sources, etc. Pour toutes ces familles, les effets (inconnus) d'évolution entraînent des imprécisions importantes.

5. Des espoirs

Heureusement, la situation promet de s'améliorer. Le lancement du Télescope Spatial dans les prochaines années permettra d'observer des objets cent fois plus faibles qu'actuellement. Autrement dit, une classe définie d'objets sera observable environ dix fois plus loin qu'aujourd'hui. Ainsi les céphéides seront visibles jusqu'à une quarantaine de mégaparsecs, ce qui fournira les distances de la majeure partie des galaxies proches et améliorera surtout énormément la précision des étalons secondaires. D'autre part, le satellite Hipparcos devrait quant à lui conduire à une meilleure calibration des céphéides elles-mêmes.

Cependant, beaucoup peut déjà être réalisé depuis le sol terrestre et cela grâce à l'utilisation de deux classes d'indicateurs d'un type spécial dans la mesure où ils permettent de s'affranchir de l'étape des céphéides. Ainsi les supernovae sont des étoiles qui explosent en devenant soudainement très brillantes. Si l'on réussit à les surprendre au moment de leur explosion, on connaît leur luminosité intrinsèque et leur éclat apparent donne donc leur distance. Un programme systématique d'observation des supernovae dans les galaxies extérieures pourrait ainsi, dans les années à venir, améliorer fortement notre connaissance des distances cosmologiques.

Une autre possibilité consiste à utiliser comme étalon standard le contenu gazeux des amas de galaxies. Celui-ci, du fait de sa température très élevée (plus de 10 millions de kelvins), est en effet observable de deux manières différentes. D'une part grâce à l'astronomie en rayons X qui révèle son émission dans ce domaine spectral; d'autre part en ondes radio millimétriques, grâce à un effet qui vient tout juste d'être mis en évidence, nommé « effet Sunyaev-Zeldovich » (voir chapitre XI-6 sur le rayonnement diffus cosmologique). On s'attend dans les années qui viennent, grâce à l'utilisation de grands radiotélescopes millimétriques (à la longueur d'onde du rayonnement diffus cosmologique), à ce qu'il permette d'établir les caractéristiques du gaz chaud des amas. On pourra alors utiliser ce gaz comme étalon standard indépendamment de l'actuelle échelle des distances.

En résumé, bien que les projets d'instrumentation pour les années à venir apportent de substantiels espoirs, il n'existe actuellement aucune méthode fiable pour déterminer les distances au-delà de quelques mégaparsecs. Seuls des ordres de grandeur ou des éloignements relatifs peuvent être établis. Heureusement, comme nous allons le voir, l'univers lui-même propose au cosmologiste un outil lui permettant de vaincre cette difficulté, grâce à l'expansion universelle.

IV

L'expansion de l'univers et la loi de Hubble

1. Les décalages spectraux

Le spectre d'une galaxie, ou d'une étoile, ou de n'importe quel astre émetteur de lumière, comporte des raies; l'émission de rayonnement dans un domaine spectral donné (le visible par exemple) varie globalement de manière lente et continue avec la fréquence, mais on peut observer des augmentations (ou diminutions) de cette intensité, très localisées en fréquence et baptisées pour cette raison « raies d'émission » (ou « d'absorption »). On connaît bien le mécanisme responsable de leur présence. La physique atomique, elle-même déduite de la mécanique quantique, décrit parfaitement les interactions entre matière et rayonnement : ainsi l'émission du rayonnement par les étoiles ou le gaz d'une galaxie, ou son interaction à la traversée de ce gaz, peuvent être étudiées d'après les caractéristiques spectrales que nous observons.

On sait depuis longtemps que la présence de tel ou tel élément chimique est responsable de l'existence de certaines raies, toujours les mêmes et toujours à la même longueur d'onde. Selon les conditions physiques (température, densité, pression, degré d'ionisation) les intensités, les largeurs, les formes des raies se modifient mais il est quasiment toujours possible de reconnaître la présence de plusieurs d'entre elles, aux fréquences prévues par la théorie. C'est ainsi que nous sommes capables de connaître la composition chimique des étoiles et des galaxies. Nous verrons par la suite comment la présence de ces raies est une mine de renseignements sur les conditions physiques régnant dans leur zone de provenance.

Seul un aspect nous retiendra ici : la fréquence d'une raie donnée est toujours la même, indépendamment des conditions physiques, pour un observateur au repos, vis-à-vis de la zone émettrice. Chacune de ces raies, et elles sont foison, dans des domaines spectraux variés, peut donc servir d'étalon de fréquence, du moins si l'on admet que les lois de la physique atomique sont valables toujours et partout. Ainsi nous reconnaissons dans le spectre d'une étoile les raies indiquant la présence de ses éléments constitutifs; et dans celui d'une galaxie nous reconnaissons les raies émises par les étoiles de différents types [1].

Une analyse détaillée montre pourtant que les raies d'une galaxie n'ont pas tout à fait la fréquence prédite par la théorie. Ces raies ont bien été émises à la fréquence théorique mais cette fréquence est modifiée pour l'observateur (nous-mêmes) à cause du mouvement de la source (l'étoile ou la galaxie).

Le phénomène responsable de cet effet, appelé « effet Doppler », est bien connu des physiciens; il se produit pour tous les processus vibratoires qui, s'ils sont émis par une source en mouvement, sont perçus par un observateur fixe avec une fréquence décalée. C'est ainsi que lorsqu'une automobile

1. Soyons conscients du fait que la plupart de ces raies sont des raies d'absorption; c'est-à-dire que l'élément responsable absorbe le rayonnement lumineux stellaire à la fréquence de la raie, créant une diminution du flux; ce raisonnement ne dépend pas de la nature d'absorption ou d'émission de la raie.

se dirige vers nous rapidement, le bruit de son moteur nous apparaît plus aigu, et plus grave lorsqu'elle s'éloigne : le son est une vibration et sa fréquence est modifiée par la vitesse du véhicule, alors que le bruit du moteur reste constant pour le conducteur qui ne se déplace pas par rapport à lui.

Il se passe la même chose pour la lumière (vibration d'un autre type). Si une galaxie s'éloigne de nous, le rayonnement qu'elle émet est décalé vers les basses fréquences, autrement dit les grandes longueurs d'onde (c'est-à-dire la couleur rouge en optique). Ainsi, lorsqu'elle émet une raie spectroscopique à une fréquence bien définie ν_0 (celle de l'hydrogène à ν_0 = 1 420 MHz par exemple), un radioastronome la détectera à une fréquence décalée : $\nu_0 + \delta\nu$. A partir de ce décalage $\delta\nu$ il en déduit la vitesse d'éloignement de la source, soit : 300 000 × $\frac{\delta\nu}{\nu}$ km/s. La quantité $\frac{\delta\nu}{\nu}$, facilement mesurable, est appelée « décalage spectral » et elle est égale au rapport de la vitesse de la source à celle de la lumière [1].

La spectroscopie, qui permet de mesurer avec précision la fréquence d'une raie, constitue donc un moyen de mesure des vitesses, ou du moins de la composante de la vitesse dans notre direction. C'est ainsi que les mouvements des étoiles et du gaz dans notre galaxie sont connus et que la rotation sur elle-même de cette dernière a pu être mise en évidence. C'est ainsi aussi et surtout que les vitesses des galaxies ou des quasars par rapport à la nôtre peuvent également être mesurées.

2. *L'univers se dilate*

Les résultats des premières mesures de décalages spectraux des galaxies, dans les premières décennies de ce siècle,

1. Cette loi est modifiée pour les vitesses relativistes, c'est-à-dire se rapprochant de la vitesse de la lumière, mais le raisonnement reste le même.

présentaient un fait saillant : à de rares exceptions près, tous étaient dans le même sens, vers les grandes longueurs d'onde, c'est-à-dire, en optique, vers le rouge. Si cela était bien dû à l'effet Doppler (mais quelle autre explication proposer?) toutes les galaxies observées étaient en train de s'éloigner de nous. Plus il y eut d'observations, plus il y eut de décalages vers le rouge, et jamais, ou presque, vers le bleu. A mesure que les techniques s'affinaient, on put observer des galaxies de plus en plus éloignées et s'apercevoir que ces décalages, et donc ces vitesses d'éloignement, augmentaient avec la distance : les observateurs n'avaient pas par hasard braqué leur télescope sur quelques galaxies s'éloignant de nous, ils avaient bien détecté un mouvement d'ensemble à l'échelle cosmique.

Il fallait trouver une explication à un effet aussi inattendu : plus une galaxie est éloignée de nous, plus elle s'en éloigne encore avec une vitesse élevée; il fallait de plus trouver une explication qui ne soit pas anthropocentriste, c'est-à-dire qui ne suppose pas la Terre située au centre de l'univers. Elle vint rapidement, bien que contestée au début, utilisant la théorie de la relativité générale qui permit de décrire de manière naturelle un tel phénomène cosmique.

Cette expansion n'était pas à attribuer à chacune des galaxies de l'univers en particulier, mais bien à considérer comme une propriété de l'univers dans son ensemble, un fait cosmologique par excellence! L'univers lui-même se dilate et, comme un support, entraîne les galaxies et tout son contenu dans un mouvement global, tout comme un courant marin entraînant les poissons avec les masses aquatiques (avec la différence que, dans l'univers, n'est présent aucun support matériel comme l'eau ou l'air).

Cette expansion est aujourd'hui si bien établie qu'elle est à la base de toute la cosmologie moderne. Les théories les moins orthodoxes ne la remettent pas en question. Non seulement elle en constitue un des fondements les plus solides mais encore, comme nous allons le voir, elle sert d'outil pour la détermination des propriétés de l'univers, en particulier pour l'établissement des distances. Elle est décrite quantitativement par la loi de Hubble, du nom du célèbre astronome qui l'énonça en 1929 : les vitesses d'éloignement des galaxies sont proportionnelles à leurs éloignements; cela signifie que toutes s'éloignent de nous, et cela d'autant plus rapidement qu'elles sont lointaines.

Les premières estimations de distance permirent donc d'établir cette loi si fondamentale dans la cosmologie d'aujourd'hui. Le paramètre de proportionnalité entre vitesse et distance, $H_0 = v/d$, est nommé « paramètre de Hubble » et s'exprime en kilomètres par seconde (unité de vitesse) par millions de parsecs (distance). Sa valeur peut en principe être établie par l'observation mais nous allons voir que ce n'est pas sans mal.

3. Le paramètre de Hubble et l'échelle des distances

L'expansion des galaxies doit donc être considérée comme une propriété cinématique de l'univers lui-même. Dans cette optique, la constante de Hubble constitue une mesure de cette cinématique, un paramètre cosmologique.

Si l'expansion est une propriété de l'univers, toute longueur, quelle qu'elle soit, doit subir sa loi. Les cosmologistes ont alors « inventé » une longueur caractérisant l'univers, dont la variation dans le temps mesure cette expansion. Ils la nomment « rayon d'échelle », précisément car elle permet de suivre la variation des échelles de longueur au cours de l'évolution de l'univers : toute distance, à l'échelle cosmique, varie proportionnellement à lui, à moins qu'un phénomène particulier ne l'influence. Il vaut actuellement 3 milliards de parsecs environ (mais seule est importante sa variation relative), cette valeur résultant d'une constante croissance au cours des derniers milliards d'années [1]. Signalons au

1. Les calculs prévoient que le rayon d'échelle varie comme une certaine puissance de l'âge de l'univers, actuellement la puissance 2/3.

passage que certains modèles d'univers, dits « fermés » (voir chapitre sur les modèles cosmologiques), prévoient un volume fini, bien que sans bornes, pour l'univers (de la même manière que la surface d'une sphère est finie bien que sans frontière). Dans un tel cas le rayon d'échelle s'identifie au rayon de l'univers [1].

Ainsi nous apparaît l'importance capitale du paramètre de Hubble en cosmologie, tout d'abord parce qu'il exprime non pas une propriété individuelle des galaxies mais bien une caractéristique globale de l'univers, exactement ce qui intéresse le cosmologiste.

L'autre raison est plus pratique. Nous venons de voir quelles difficultés avaient les astronomes pour estimer les distances des astres qu'ils observent. Si la loi est vérifiée, il suffit de mesurer la vitesse, et la distance D s'en déduit comme le rapport V/H_0. Cette loi fournit à l'astronome la *seule* possibilité actuelle d'estimer la distance d'un objet lointain. Elle est conditionnée par la précision de la mesure de la vitesse, d'une part, et par la connaissance de H_0, d'autre part.

Cette estimation n'est pas simple et ne peut reposer que sur un étalonnage à partir d'objets dont la distance est connue et la vitesse mesurée; ce sont les chandelles et longueurs standard dont nous avons déjà parlé.

Lorsque Hubble énonça sa loi, il connaissait les éloignements de moins de 50 galaxies et l'imprécision était grande. Depuis, des révisions déchirantes ont eu lieu, dues aux améliorations successives des conditions d'observation ou de notre connaissance des chandelles standard. Mais tout repose encore sur des estimations.

A partir de l'échelle des distances basées sur les céphéides, différents auteurs donnent des valeurs différant d'un facteur 2 : 50 ou 100 $km/s^{-1}/Mpc$. La controverse est donc

1. Ce rayon est tout à la fois le rayon du volume occupé par l'univers et aussi son rayon de courbure; l'analogie avec la sphère est toujours pertinente puisque le rayon de la sphère est aussi le rayon de courbure de sa surface.

bien active et on peut seulement affirmer que H_0 se situe entre ces deux valeurs. De nouvelles méthodes, utilisant des calibrations indépendantes, commencent néanmoins à être employées et permettront peut-être, d'ici quelques années, une estimation reconnue par la communauté des astronomes. Les mesures astrométriques devant être effectuées par le satellite Hipparcos et le Télescope Spatial y contribueront également de manière déterminante. Rappelons-nous que toute incertitude sur H_0 entraîne une incertitude comparable sur *toutes* les estimations de distances cosmologiques.

4. *Une loi approximative*

1) Cette belle loi universelle se voit malheureusement, dans la pratique, quelque peu mal suivie. Si le support géométrique de la matière se trouve bien soumis à ce mouvement régulier d'expansion, les galaxies individuelles ne sont pas toujours au repos par rapport à lui, chacune peut être animée d'un mouvement individuel supplémentaire : en plus de la vitesse due à l'expansion (et vérifiant strictement la loi de Hubble : $V_{expansion} = H_0D$), chaque galaxie peut très bien posséder une vitesse particulière V_p dans n'importe quelle direction. La vitesse totale $V_{expansion} + V_p$ n'est plus reliée à D. Ce n'est que pour un ensemble de nombreux objets – avec l'hypothèse que les composantes de vitesse V_p sont distribuées au hasard (et donc que leurs valeurs moyennes sont nulles) – que cette loi se vérifie. La détermination de H_0 en est rendue d'autant plus délicate.

2) Pour les galaxies proches de la nôtre, la loi de Hubble est par ailleurs fortement perturbée. En effet, à quelques millions de parsecs, c'est-à-dire tout près à l'échelle cosmologique, se trouve un amas de galaxies, celui de la Vierge. La forte concentration de matière qu'il constitue attire vers

lui, gravitationnellement, les galaxies environnantes qui possèdent donc une composante de vitesse supplémentaire dans cette direction : on observe alors une déviation systématique à la loi de Hubble dont il faut tenir compte pour la détermination de H_0. Cet effet local commence heureusement à être bien connu et mesuré, de sorte qu'il ne gêne pas les cosmologistes. Ajoutons que bientôt le Télescope Spatial permettra d'établir avec précision les distances des galaxies concernées (comme nous l'avons décrit plus haut). La dynamique de cette région de l'univers, la nôtre, sera donc mieux connue et notamment la masse qu'elle renferme, ce qui viendra bien aider les astrophysiciens qui cherchent à établir la densité de l'univers (voir chapitre VIII sur la masse dans l'univers).

3) En outre, on ne s'attend pas à ce que cette loi soit rigoureusement vérifiée à grande distance. En effet, les galaxies lointaines sont vues telles qu'elles étaient à l'époque où elles ont émis la lumière qui nous arrive maintenant, c'est-à-dire il y a de nombreux millions ou milliards d'années. Mais la vitesse d'expansion de l'univers n'est pas constante. Elles obéissent donc à la loi de Hubble où le paramètre de Hubble possède non pas sa valeur actuelle H_0 mais sa valeur d'alors, qui était supérieure. En d'autres termes, les galaxies plus lointaines sont soumises à une expansion plus rapide parce que plus ancienne. La loi de Hubble doit donc être modifiée pour les grandes distances. Pour établir dans quelle mesure, il faut savoir de combien s'est ralentie l'expansion de l'univers : on exprime ce ralentissement par un autre paramètre universel q_0, calculé à partir de la variation du paramètre de Hubble par rapport au temps (ou, ce qui est équivalent, à partir de la dérivée seconde du rayon d'échelle). Pour les galaxies lointaines, la relation entre décalage spectral et luminosité (ou diamètre angulaire, ou même densité numérique d'objets) s'écarte donc de la loi de Hubble. Ces écarts sont intéressants car

ils permettent en principe de connaître la valeur du paramètre de décélération q_0, c'est-à-dire d'avoir une idée de l'évolution de l'univers : c'est là le principe des tests cosmologiques destinés à la mesure de q_0.

Malheureusement, cette déviation à la loi de Hubble n'est effective que pour les grandes distances, là où seuls les indicateurs secondaires sont utilisables. Or les effets d'évolution de ces derniers sont si importants qu'ils entraînent une déviation (inconnue) à la loi de Hubble, mais sans doute du même ordre que celle due à la dynamique de l'univers : il est donc vain d'espérer mesurer q_0 de cette manière; on ne peut que situer sa valeur entre les bornes − 1 et + 2. Là encore, on espère améliorer les choses grâce au Télescope Spatial qui permettra une meilleure connaissance des effets d'évolution.

Ajoutons qu'un nouvel espoir est né récemment, grâce à la mise en évidence de configurations particulières, les lentilles gravitationnelles, où les rayons lumineux provenant d'astres lointains sont déviés dans la géométrie particulière de l'univers. Nous indiquerons au chapitre VI-6 comment l'observation de ces situations peut permettre une mesure directe des paramètres H_0 et q_0.

5. *Des paramètres pour l'univers*

Il nous faut encore insister sur l'importance de H_0 et q_0 : ce sont véritablement des paramètres cosmologiques, qui n'ont rien à voir avec la nature des objets – galaxies, quasars, amas de galaxies, radiosources – dont on se sert pour établir leur valeur.

H_0 mesure l'état présent d'expansion de l'univers; q_0 la décélération de cette expansion. Leur connaissance est absolument indispensable pour savoir quelles sont les propriétés de l'univers : son âge, son passé, son futur, sa taille, etc. Nous verrons plus loin que, moyennant quelques hypothèses assez simples, la connaissance de H_0 et q_0, et d'un troisième paramètre – qui peut être la densité moyenne actuelle d_0 de l'univers – permet d'établir les propriétés globales de l'univers. Cela se fait par l'intermédiaire des modèles cosmologiques, modèles dont la plupart ont été établis autour des années 1930, à la suite des travaux d'Einstein sur la gravitation, et qui sont classés naturellement selon les valeurs des paramètres H_0, q_0 et d_0. Avant d'examiner leurs caractéristiques, il nous faut comprendre certains aspects particuliers de la dynamique et la géométrie de l'univers.

V

L'univers relativiste

1. Structure causale

Une difficulté fondamentale imprègne la cosmologie et il est capital de la garder à l'esprit. Toute information sur telle ou telle partie de l'univers nous parvient par l'intermédiaire du rayonnement électromagnétique qui se propage à une vitesse finie, celle de la lumière c. Aucun des objets que nous observons ne nous est donc contemporain mais se révèle tel qu'il était à une époque vieille de L/c, L étant la distance qu'a parcourue la lumière pour nous atteindre et c la vitesse de cette lumière (300 000 km/s). Ainsi, nous ne pouvons observer une région donnée de l'univers à un instant quelconque de son histoire mais à la seule époque définie par la relation précédente; il est apparent dans cette relation que l'objet a été surpris à un instant d'autant plus reculé dans le passé qu'il est lointain.

L'ensemble des objets qui nous sont accessibles par l'observation n'est donc pas situé dans l'espace, pris à un instant donné. Au contraire, on peut dire que chacun se situe dans une tranche d'espace-temps dont l'éloignement dans le temps est proportionnel à l'éloignement dans l'espace; la relation entre les intervalles de temps T et d'espace L nous séparant de lui est donnée par la loi de propagation de la lumière $c = L/T$ [1]. L'analogie s'impose avec la surface d'un cône, observée depuis son sommet dans l'espace ordinaire à trois dimensions. Bien que tout se joue dans l'espace-temps à quatre dimensions, la terminologie est conservée et cette tranche d'espace-temps est qualifiée de « cône du passé ».

Tout ce que nous observons par l'intermédiaire du rayonnement électromagnétique, depuis les pages de ce livre jusqu'aux quasars les plus éloignés, se trouve donc sur notre cône du passé. Celui-ci divise l'univers en deux parties : à l'intérieur se situe l'ensemble des objets qui ont déjà pu interagir avec nous par l'intermédiaire du rayonnement (c'est-à-dire qui sont plus proches dans l'espace que dans le temps). Ces objets peuvent d'ailleurs continuer à interagir, par l'intermédiaire de processus moins rapides que la lumière (échanges de matière par exemple). Tout ce que nous observons ou avons observé se situe dans ce demi-univers. De tels objets nous sont causalement liés.

De l'extérieur du cône du passé, au contraire, rien n'a pu nous parvenir : aucun rayonnement, aucune information. Toute cette partie de l'univers nous est totalement inaccessible et inobservable. Il en résulte qu'il existe un horizon au-delà duquel nous ne pouvons rien connaître. L'horizon représente en quelque sorte une trace, dans l'espace pur, du cône du passé qui, lui, se situe dans l'espace-temps. Il est représenté par la tranche de ce cône correspondant à l'instant zéro de l'histoire de l'univers. En effet, si l'univers est âgé de 15 milliards d'années, l'événement le plus lointain que nous pouvons observer (et qui, par définition se situe sur notre cône du passé) est éloigné de 15 milliards d'années-lumière. L'horizon, dans l'espace, est

1. Une difficulté supplémentaire provient d'ailleurs du fait que L n'est pas une vraie distance puisque c'est un intervalle de longueur entre la position occupée par nous (l'observateur) aujourd'hui, et la galaxie observée à un instant différent.

alors dessiné comme une sphère centrée autour de nous et de rayon 15 milliards d'années-lumière [1].

Le cône du passé représente donc l'univers actuellement observable; l'intérieur nous est causalement lié et l'extérieur nous reste encore inaccessible. Signalons cependant que l'horizon, cette surface fictive que nous imaginons dans l'espace, n'y demeure pas fixe mais recule sans arrêt, proportionnellement à l'âge de l'univers. Tel objet qui nous est invisible aujourd'hui se révélera ainsi peut-être à nos lointains descendants.

2. *Espace et temps se mélangent*

Entre nous et une galaxie que nous observons, l'intervalle n'est pas seulement spatial. Puisque nous l'observons telle qu'elle était à l'instant où elle a émis la lumière qui nous arrive maintenant, il faut tenir compte aussi du décalage temporel. Finalement, ce qui nous sépare de cette galaxie est un intervalle mixte combinant les deux dimensions. Il faut alors se référer à l'intervalle nous séparant nous, aujourd'hui, de la galaxie telle qu'elle était lorsqu'elle a émis la lumière. Au lieu de considérer des positions spatiales, nous considérons des événements. Au lieu de dire *ici* ou *là*, nous devons dire *ici* et *maintenant*, ou bien *là-bas* et *à tel instant*. Au lieu de raisonner dans l'espace, nous devons raisonner simultanément dans l'espace et dans le temps, et adjoindre aux trois dimensions spatiales la dimension du temps.

La notion de distance est donc ambiguë. Un objet que nous observons a pu se déplacer depuis qu'il a émis la lumière qui nous atteint aujourd'hui (par exemple du fait de l'expansion universelle). La distance mesurée n'est donc

1. Rappelons-nous néanmoins que la distance ainsi considérée n'est pas une distance au sens propre du mot puisqu'elle mesure un intervalle spatial entre deux événements – l'émission et la réception d'un signal lumineux – non contemporains.

pas celle qui nous sépare de l'objet là où il se situe aujourd'hui. Pourtant, c'est cette dernière distance que nous avons l'habitude de concevoir. On l'appelle « distance propre » et elle constitue le prolongement naturel de la notion familière. Néanmoins elle n'est pas mesurable dans la pratique et présente donc un intérêt limité. La propagation non instantanée de la lumière entraîne par conséquent l'existence de plusieurs types de distances. La distance propre généralise notre notion intuitive mais est impossible à mesurer. Au contraire, ce que nous pouvons mesurer, rigoureusement, n'est pas une distance mais c'est la grandeur mesurable qui s'en rapproche le plus. On parle de distance-luminosité. C'est une sorte d'intervalle mixte, de nature mi-spatiale mi-temporelle, qui sépare deux événements causalement liés. Pour des événements rapprochés dans le temps ou dans l'espace, ces deux notions se confondent avec la distance ordinaire car la vitesse de la lumière est très élevée. Pour les objets lointains, nous continuerons à parler de distance mais ce n'est qu'un moyen pratique d'exprimer cette grandeur. Une manière commode de traduire tout ceci est de parler d'univers à quatre dimensions : les trois dimensions spatiales et la dimension temporelle, puisqu'elles sont indissociables. La nature même des choses nous oblige à faire de la géométrie à quatre dimensions. La raison profonde en est, rappelons-le, la vitesse de propagation finie du rayonnement lumineux.

La théorie de la relativité restreinte (RR) énoncée au début du siècle par A. Einstein, exprime les conséquences de la propagation non instantanée de l'interaction lumineuse, admise comme un principe de base de la physique et confirmée chaque jour par l'expérience. La RR offre un cadre et un formalisme permettant le raisonnement géométrique dans cet univers à quatre dimensions. C'est elle encore qui nous assure que les mesures d'intervalles purement spatiaux ou purement temporels sont en général vides de sens physique et qu'il faut faire intervenir les quatre dimensions.

3. *La relativité restreinte (RR)*

Au premier chef, cette théorie paraît plutôt négative puisqu'elle énonce des limitations sur l'usage de concepts qui nous sont pourtant familiers. Nous avons une connaissance intuitive de l'espace et du temps qui nous environnent et il serait troublant de devoir l'abandonner. Il n'en est rien heureusement et la théorie prévoit qu'un observateur particulier (chacun de nous par exemple) peut faire des mesures de durée et de distance à condition de savoir que ce résultat n'est valable que pour lui, ou du moins pour une certaine classe d'observateurs qui lui sont équivalents. La latitude est grande; les effets ne se font sentir que pour des vitesses très élevées ou des distances si énormes que leur temps de parcours par la lumière devient important.

Certaines particules élémentaires, produites lors de collisions dans les accélérateurs, se déplacent à des vitesses proches de celle de la lumière. Si elles sont instables, elles se désintègrent spontanément au bout d'un intervalle de temps bien défini en moyenne. Pourtant, ces particules nous semblent exister durant un laps de temps bien supérieur à leur durée de vie au repos. Le temps ne s'écoule pas de la même manière pour nous et pour elles, uniquement du fait de leur vitesse élevée. Leur durée de vie au repos n'est valable que pour un observateur qui se déplace avec elles. Il se produit une dilatation apparente des intervalles de temps mesurant le même phénomène; la mesure pertinente est celle qu'effectue un observateur sans mouvement (au repos) vis-à-vis de ce phénomène. On dit qu'un tel observateur effectue ses mesures dans le repère propre associé au système qui l'intéresse. Le temps mesuré dans ce repère propre est le temps propre. Ce dernier a une importance particulière puisque tout système physique capable de mesurer l'écoulement du temps qui le concerne (ainsi nous-mêmes) mesure en fait son temps propre.

En ce qui nous concerne, nous pouvons espérer vivre quelques dizaines d'années. Imaginons d'hypothétiques observateurs situés sur une planète d'un autre système solaire, en mouvement par rapport au nôtre, et supposons qu'ils s'intéressent suffisamment à nous pour mesurer la durée de notre existence. Si la vitesse de leur planète par rapport à la Terre est élevée (plusieurs 10 000 km/s) ils trouveront plusieurs milliers d'années. Cette mesure n'a donc visiblement pas grand sens. La mesure intelligente à effectuer, et qu'ils ne manqueraient pas de réaliser s'ils connaissaient la RR, serait celle de l'intervalle spatio-temporel qui sépare notre naissance de notre mort; celui-ci en effet n'est pas, de leur point de vue, purement temporel puisque la Terre s'est déplacée par rapport à leur planète pendant notre existence. D'une telle mesure, ils pourraient alors, en appliquant les lois de la RR, déduire la vraie durée de notre vie, celle que nous mesurons dans notre temps propre.

4. L'univers relativiste

Le cadre géométrique permis par la relativité restreinte et qui doit être appliqué à notre univers n'est donc plus le cadre habituel où temps et espace semblent disconnectés. Nous ne pouvons situer les galaxies que nous observons dans un espace à trois dimensions comme des meubles dans une pièce. Nos observations combinent la géométrie spatiale et l'écoulement du temps.

Nous venons de voir comment on pouvait attribuer des distances aux galaxies, mais aussi que cette notion devenait ambiguë : distance propre, distance-luminosité et distance-diamètre ne se confondent pas nécessairement, ni dans la théorie ni dans la pratique. Cela n'est pas étonnant car toute information nous parvient par l'intermédiaire de la lumière, qui parcourt un long trajet.

Le meilleur moyen de le caractériser est le décalage vers le rouge dont nous avons déjà parlé. Contrairement à celle des distances, ou des durées, son utilisation ne présage d'aucun modèle cosmologique *a priori* et il se révèle idéal pour repérer les éloignements. Il est de plus directement mesurable.

La situation se complique cependant dès que l'on veut revenir aux notions familières de distance dont on a besoin pour appliquer les lois physiques, et dont il est difficile de se passer. Ces notions viennent à la rescousse de notre pauvre esprit incapable de raisonner dans un espace courbe à quatre dimensions. Cependant, la conversion du décalage spectral en distance ou en âge exige la connaissance de la géométrie et de la dynamique de l'univers, et l'on s'attend à ce que cette dernière ne soit pas spécialement simple. Nous avons vu que la loi de Hubble spécifiait la distance en fonction de la vitesse d'éloignement, ou du décalage spectral. Mais cette loi n'a qu'un champ restreint d'application dans la pratique : si nous observons un quasar lointain, nous le voyons tel qu'il était il y a plusieurs milliards d'années et, s'il vérifie bien la loi de Hubble, il la vérifie telle qu'elle s'appliquait à cette époque, c'est-à-dire avec un paramètre de Hubble différent de sa valeur actuelle. L'expansion de l'univers était en effet plus rapide dans le passé qu'aujourd'hui et il faut tenir compte de cette décélération pour appliquer la loi de Hubble. Cette variation de la vitesse d'expansion, caractéristique de l'univers, est représentée par le paramètre q_0 que nous avons introduit précédemment. Nous hésiterions à la qualifier d'effet « géométrique » plus que « dynamique » car ces effets deviennent indissociables dès qu'il s'agit de l'univers.

Nous touchons alors à un problème crucial de la cosmologie : on ne peut connaître la situation d'un objet dans l'univers, ne serait-ce que sa distance, sans connaître l'évolution dynamique de l'univers entier. Connaître sa géométrie (à trois dimensions), à l'instant actuel, ne suffit plus.

Cela nous incite à parler de géométrie à quatre dimensions (incluant le temps) pour l'univers.

Comment déterminer cette géométrie qui inclut en elle-même sa propre évolution? La réponse passe par l'établissement d'un modèle cosmologique. Différents modèles sont concevables; leur variété est en fait quasiment illimitée mais l'adoption de quelques principes physiques, esthétiques ou philosophiques réduit grandement leur diversité. Les cosmologistes s'accordent à reconnaître que la géométrie de l'univers est gouvernée par la gravitation. Par l'intermédiaire de celle-ci, le contenu de l'univers détermine sa géométrie et sa dynamique mais, d'autre part, ce contenu dépend de cette géométrie qui est son support. Bâtir un modèle cosmologique, c'est répondre de manière cohérente à cette double exigence.

On dispose depuis le début de ce siècle d'une théorie de la gravitation, la relativité générale, qui répond précisément aux nécessités de la cosmologie. Elle fait mieux en effet que de décrire de manière commode l'interaction gravitationnelle; elle établit exactement de quelle manière la présence de matière, ou plutôt d'énergie, détermine la géométrie : tout à fait ce qu'il faut pour construire un modèle cosmologique. Cette conception englobe en l'élargissant considérablement la notion d'interaction gravitationnelle. La relativité générale se révèle en tout cas l'outil rêvé pour le cosmologiste.

5. *La relativité générale*

C'est la théorie qui rend compte de l'interaction gravitationnelle. Avant son introduction, la théorie en vigueur, dite « newtonienne », stipulait que chaque corps massif crée une force attirant chaque autre corps. La conception nouvelle abandonne l'idée de force : la masse d'un corps modifie la géométrie de l'espace-temps tout autour de lui. Toute particule voisine voit par conséquent son mouvement modifié mais c'est parce qu'elle évolue dans une géométrie différente.

Les conséquences sont multiples. Pour une certaine classe de phénomènes, les prédictions de la relativité générale ne diffèrent pas de celles de la théorie newtonienne. C'est le cas de la chute des corps sur Terre, des orbites des planètes (à quelques exceptions près), de la dynamique des étoiles dans la galaxie. Pour ces quelques problèmes, il est d'ailleurs souvent plus pratique d'utiliser l'ancienne théorie.

Si les résultats ne sont pas modifiés, c'est simplement parce que l'interaction gravitationnelle n'est pas assez intense pour que de nouveaux effets soient présents. Pourtant, déjà à l'échelle du système solaire, certains apparaissent : petites modifications des orbites des planètes (telle l'avance du périhélie de Mercure [1]), déviations des rayons lumineux ou des ondes radio par la masse du Soleil, modification des fréquences des rayonnements. Sans entrer ici dans les détails, il nous suffira de dire que les effets observés confirment d'éclatante manière la théorie. D'autres mesures, concernant les caractéristiques d'un système de deux étoiles très denses (étoiles à neutrons) orbitant l'une autour de l'autre, viennent encore renforcer ces confirmations : la relativité générale est une théorie très bien vérifiée expérimentalement.

Mais c'est lorsqu'on l'applique à la cosmologie qu'elle montre pleinement sa puissance. Alors qu'à partir de la théorie newtonienne il est impossible de concevoir un modèle dynamique cohérent de l'univers, la relativité générale semble faite pour cela. Elle permet en effet, par une équation simple, d'établir à un instant donné la géométrie de l'univers *et* sa variation à partir de la connaissance de son

1. Des astronomes avaient en effet observé que le périhélie, c'est-à-dire le passage de Mercure sur son orbite elliptique, au plus près du Soleil, ne se reproduisait pas de la manière prévue par la dynamique newtonienne. La relativité générale explique tout à fait bien cet effet, considéré donc comme un des meilleurs tests de la théorie.

contenu. On en décrit ainsi la géométrie à un instant ultérieur, ce qui permet d'établir comment s'est modifié le contenu, lequel à son tour permet de connaître la variation de la géométrie, etc.

Ce raisonnement s'applique de l'origine de l'univers jusqu'à nos jours. On peut même le faire à l'envers et ainsi, du contenu de l'univers aujourd'hui, déduire toute son histoire passée. C'est de cette façon que plusieurs modèles cosmologiques, scénarios d'évolution de l'univers, sont concevables et nous en donnerons un aperçu au chapitre suivant.

VI

Les modèles cosmologiques

1. Simplicité des principes en cosmologie

Nous sommes désormais en possession des éléments nécessaires pour construire un modèle cosmologique apte à décrire la géométrie de l'univers et sa variation en fonction du temps.

Plusieurs postulats de base sont nécessaires; les uns semblent naturels, les autres moins. Tous ne peuvent être démontrés, ni prouvés par l'expérience. C'est plutôt une question de disposition d'esprit, et si les physiciens s'accordent sur un type de modèle, c'est sans doute parce qu'il correspond à leur structure mentale, tout autant qu'à la réalité physique, d'ailleurs bien difficile à définir. Néanmoins nous laisserons aux épistémologues le soin de trancher ces questions difficiles et nous nous bornerons à décrire rapidement les plus populaires de ces modèles, après avoir mentionné quelques-uns des postulats.

Une des idées directrices est que la nature doit être simple : entre deux modèles conduisant aux mêmes prédictions les physiciens choisiront le moins compliqué. Ainsi les cosmologistes postulent-ils que les lois physiques sont les mêmes partout et toujours. Il s'ensuit que c'est la gravitation qui est apparemment responsable, d'une part de la dynamique et de la géométrie de l'univers, d'autre part de la formation et de l'existence des structures qui le peuplent. On peut alors, comme l'ont fait les physiciens dès les premières décennies de ce siècle, déduire les caractéristiques de l'univers à partir de son contenu. Non seulement l'observation de ce contenu nous renseigne sur la structure du monde mais la relativité générale déclare que c'est véritablement lui qui détermine cette structure. Il n'y aura donc pas de « cosmologie abstraite » possible, dont le but serait de s'intéresser à l'univers en se désintéressant de son contenu.

L'imagination fertile des cosmologistes fait naître, en accord avec les lois physiques, une multitude de modèles, tous plus intéressants les uns que les autres. Il ne sera pas possible de les mentionner tous et nous présenterons les plus simples, qui furent introduits dès les années 1930.

Les modèles le plus souvent considérés sont dits « homogènes », car ils sont supposés posséder les même caractéristiques en chacun des points de l'espace. Cette caractéristique s'énonce sous la forme de ce que l'on nomme « principe cosmologique » : « L'univers présente le même aspect quel que soit le point d'où l'on se place pour l'observer, à un instant donné. » Cette hypothèse n'a de sens qu'à grande échelle; à proprement parler les conditions physiques ne sont pas identiques à l'intérieur ou à l'extérieur d'une galaxie. Mais, en moyenne, d'une manière statistique, à une échelle d'une trentaine de millions de parsecs, le principe est applicable. Il est clair qu'il nous débarrasse de tout géo- ou héliocentrisme.

Nous supposerons davantage. Que l'univers est également isotrope, c'est-à-dire qu'il n'existe aucune direction privilégiée. Cette hypothèse semble vraie car, dans toutes les directions du ciel, on distingue sensiblement autant de galaxies, on mesure un rayonnement diffus toujours invariable.

Nous poserons enfin comme dernière hypothèse que la

relativité générale est la bonne théorie de la gravitation. Si elle est confirmée de manière excellente pour un vaste domaine d'application (jusqu'à l'échelle du système solaire et davantage), il n'est pas certain que ce domaine puisse être élargi indéfiniment. Ainsi, certains modèles cosmologiques utilisent des théories différentes (avec constante de gravitation variable par exemple, tel celui introduit par Dirac). Malgré des côtés très séduisants, ils sont moins simples que les modèles classiques – sans que leur apport soit déterminant – et nous n'en parlerons pas. D'autre part, de nombreux physiciens pensent qu'il doit exister une théorie quantique de la gravitation, ce qui n'est pas le cas de la relativité générale, et que seule une telle théorie est capable de décrire les tout premiers instants de l'univers (ce que l'on appelle l'« ère de Planck »). Tous les modèles cosmologiques et toute la cosmologie dont nous parlons ne décrivent donc l'univers qu'après cette période hypothétique.

Il est d'usage de définir l'échelle de repérage du temps cosmique de telle manière que l'on attribue à l'univers, à cet instant, un âge égal à ce que l'on nomme « temps de Planck », ayant la valeur extraordinairement petite de 10^{-43} seconde [1]. A titre de comparaison les phénomènes les plus « instantanés » que considère la physique actuelle ont une durée de 10^{-23} seconde, des milliards de milliards de milliards de fois plus longue. Mais l'emploi de cette échelle n'est qu'une convention. Elle provient du fait que, estimée dans le cadre de la physique ordinaire (qui est inapproprié), l'ère de la gravitation quantique aurait une durée égale au temps de Planck, ce qui placerait, dans ce modèle fictif, la toute première origine des temps, l'instant zéro, au début de cette ère.

C'est donc par application de la relativité générale que

1. Cette valeur n'est pas fixée au hasard. Elle serait l'unité naturelle d'une théorie – encore inexistante – quantique de la gravitation. Elle provient d'une relation dite « d'incertitude », reliant temps et énergie, ici l'énergie de l'univers et le temps de Planck.

sont construits les modèles que nous décrivons. Plusieurs de leurs caractéristiques, tels leur expansion et son ralentissement, n'ont rien de typiquement relativiste mais seule cette théorie réussit à donner de l'ensemble un tableau cohérent.

Dans l'idée de se débarrasser de tout anthropocentrisme, certains astrophysiciens ont voulu aller plus loin en introduisant un « principe cosmologique parfait ». Celui-ci stipule que non seulement l'univers paraît le même en tout point de l'espace, mais encore à chaque instant de son histoire. La conséquence en est que l'univers doit être stationnaire, sans évolution. Un tel modèle semble contredit par les observations, notamment les comptages de galaxies en fonction de la distance. Il présentait pourtant une caractéristique originale, la nécessité d'une création continue universelle de matière (pour que, malgré le vide laissé par l'expansion, la densité puisse rester constante). Notons que ces modèles, dont nous ne parlerons pas davantage, s'opposent totalement, dans la conception même qu'ils proposent de l'univers, à ceux que nous allons présenter qui incluent comme ingrédient essentiel l'idée d'évolution.

La puissance de la relativité générale étant de permettre une détermination de la structure de l'univers à partir de son contenu, il faut aussi faire quelques hypothèses sur ce dernier. Bien que l'on observe des objets distincts – galaxies ou quasars – on assimile cette matière à une répartition continue, parfaitement homogène; cela ne semble pas déraisonnable car, à l'échelle de l'univers, la discontinuité résultant de la structuration en galaxies n'est pas sensible, tout comme à notre échelle la nature discontinue des atomes nous est imperceptible. On assimile alors cette matière à un fluide, que l'on suppose en outre parfait, c'est-à-dire sans viscosité. Le contenu de l'univers, du point de vue qui nous intéresse, est alors déterminé par sa densité d'énergie (y compris sa masse), sa pression et sa température.

Pour le cosmologiste, deux cas très différents se distinguent : si la matière n'est pas d'une température extrême, sa pression est assez faible et ne joue aucun rôle dynamique important. En d'autres termes, seule compte l'énergie de masse propre, l'énergie cinétique étant négligeable. La matière se comporte bien comme de la matière « normale ». Au contraire, si la température est très élevée, l'agitation thermique est si forte que l'énergie cinétique associée domine largement l'énergie de masse propre. Dynamiquement, la matière se comporte comme du rayonnement puisque, l'énergie de masse propre étant négligeable, tout se passe comme si cette masse propre n'existait pas. Ainsi, dès qu'il s'agit d'étudier la dynamique de l'univers, matière et rayonnement (éventuellement de la matière très chaude) doivent être distingués. Signalons qu'une troisième sorte d'énergie peut se manifester à l'échelle cosmologique, que l'on n'associe ni à la matière ni au rayonnement, mais qui s'identifie à ce que les physiciens des particules nomment le « vide ». Nous en reparlerons dans les derniers chapitres.

Les différents modèles cosmologiques peuvent alors être classés selon leur contenu – matière ou rayonnement – et la densité d'énergie associée. Pour connaître celui qui conviendrait le mieux, il faudrait donc mesurer deux paramètres, par exemple la densité moyenne de masse et la pression cosmique, ce qui permettrait de décider quel est le modèle valable (au moins parmi les plus simples). Mais il faudrait encore mesurer un paramètre supplémentaire, comme par exemple la constante de Hubble (voir plus haut), pour savoir quel moment de l'évolution de ce modèle correspond à l'instant présent.

Malheureusement les mesures des différents paramètres cosmologiques sont délicates si bien que nous n'en avons pas encore de déterminations précises. Il s'ensuit qu'il existe toute une famille de modèles cosmologiques qui pourraient être aptes à décrire notre univers, parmi lesquels nous ne savons pas comment trancher.

Parmi les modèles en accord avec les principes dégagés

précédemment, se détachent essentiellement deux grandes familles. Dans la première, dite « des modèles fermés », il est prévu que l'expansion actuellement observée ralentisse jusqu'à s'arrêter totalement et même s'inverser en une recontraction. Dans l'autre, celle « des modèles ouverts », cette inversion de tendance ne se produit pas, l'expansion restant éternelle. C'est donc essentiellement la vitesse de ralentissement de l'expansion, mesurée par le paramètre q_0, qui distingue ces deux familles. Une valeur critique ($q_0 = 1/2$) les sépare, à laquelle correspond une valeur critique de la densité de masse, tout juste suffisante pour freiner l'expansion et l'inverser. Cette valeur critique se calcule à partir de la vitesse actuelle de l'expansion, vitesse qui doit être vaincue pour inverser la tendance. Elle est en fait proportionnelle au carré du paramètre de Hubble H_0 qui mesure cette vitesse, divisée par la constante G de gravitation.

Cette valeur critique joue un rôle si prépondérant que les cosmologistes ont l'habitude de l'utiliser comme unité de densité dans l'univers [1]. Ainsi modèles ouverts et fermés se distinguent par des valeurs respectivement inférieures et supérieures à 1 pour $d/d_{critique}$. Comme nous le verrons au chapitre sur le contenu de l'univers, il n'est malheureusement pas plus facile de déterminer $d/d_{critique}$ que le paramètre de décélération !

2. Le modèle ouvert, le plus simple

Parmi tous ces modèles, le plus simple à envisager est celui pour lequel la densité possède exactement la valeur critique : $d/d_{critique} = 1$. Valeur magique pour les uns, valeur probable pour d'autres, impossible enfin pour certains, elle ne peut en fait être exclue définitivement par aucun argu-

1. Cette densité critique, donnée par la formule $d_c = A\ H_0^2/G$ a pour valeur : 2×10^{-29}g par centimètre cube alors que, en comparaison, la densité de matière visible dans toutes les galaxies n'est que de 5×10^{-31}g par centimètre cube.

ment ni aucune observation. Le modèle correspondant porte le nom de ses créateurs : Einstein-de Sitter. Il est ouvert, c'est-à-dire que l'expansion universelle est censée continuer jusqu'à la fin des temps, se ralentissant indéfiniment sans jamais s'annuler. Ce ralentissement est quantifié par le paramètre de décélération q_0, prenant ici la valeur critique 1/2. Un tel modèle énonce que l'univers aurait commencé à un instant déterminé, défini comme celui où le rayon d'échelle, calculé en remontant dans le temps l'expansion de l'univers, aurait pris une valeur nulle [1].

Les calculs prévoient alors que l'univers serait âgé de moins d'une dizaine de milliards d'années depuis cet instant initial, estimation qui constitue d'ailleurs un sérieux argument en défaveur de ce modèle [2].

Dans le cadre de ce modèle, qu'il soit réel ou hypothétique, le rayon d'échelle et toutes les distances augmentent avec le temps, ce qui traduit l'expansion universelle, tandis que les densités de la matière et du rayonnement décroissent toutes deux graduellement, leur somme restant égale à la densité critique qui diminue elle aussi en fonction du temps. Cette décroissance n'est qu'un effet de dilution : les particules restent présentes alors que les volumes qui les contiennent augmentent sans cesse.

Si la densité du rayonnement et celle de la matière diminuent, leur rapport décroît également (voir chapitre sur l'univers primordial), si bien que l'on passe d'une ère où le rayonnement dominait énergétiquement à l'ère actuelle

1. Considérer l'instant $t = 0$ où le rayon d'échelle prend une valeur nulle constitue en fait une extrapolation du modèle qui ne correspond sans doute à aucune réalité physique. Le tout début de l'histoire de l'univers en effet, appelé « ère de Planck », ne saurait être décrit par les modèles que nous présentons ici, car ceux-ci sont basés sur la théorie de la relativité générale dont la validité n'est pas assurée dans les conditions physiques de cette période, présentée d'une manière plus détaillée au chapitre XV.

2. Il semble en effet, d'après les modèles d'évolution stellaire développés par les astronomes, que certaines étoiles soient vieilles de plus de 10 milliards d'années.

dominée par la matière, la séparation se produisant à l'époque dite « d'équilibre » où l'univers est âgé d'environ un million d'années.

La relativité générale prévoit pour ce modèle une géométrie particulièrement simple puisque sans courbure. L'attraction gravitationnelle de l'univers est exactement équilibrée par l'expansion. Ce modèle présente donc un attrait particulier qui a séduit beaucoup de cosmologistes. Ceux-ci pensent que sa simplicité est un bon argument en sa faveur. Cependant, la densité d_0 de la matière observée dans l'univers est nettement inférieure à la valeur critique. Si l'on croit à ce modèle, qui requiert cette valeur critique, on est donc forcé de supposer l'existence de masse invisible, cachée, ce qui n'est pas facile à mettre en évidence. Nous en détaillerons les possibilités au paragraphe concernant la densité de l'univers.

Par ailleurs l'estimation de l'âge de l'univers à laquelle il conduit semble faible par rapport à celui que calculent les astronomes. Ce modèle d'Einstein-de Sitter, bien que non rigoureusement exclu, semble finalement mal adapté pour décrire notre univers.

3. Modèles homogènes isotropes

Les paramètres cosmologiques peuvent *a priori* prendre n'importe quelle valeur, permettant des modèles ouverts ou fermés. Les observations apportent néanmoins quelques contraintes restreignant cette classe.

Les indicateurs de distance (voir plus haut) indiquent que le paramètre de Hubble vaut entre 50 et 100 km/s/Mpc, le paramètre de décélération q_0 entre − 1 et + 2; quant à la densité de masse dans l'univers, il est facile d'en connaître une limite inférieure, due aux masses des galaxies que nous voyons (qui ne vaut que quelques centièmes de la densité critique), mais nous sommes incapables de l'estimer précisément. Cette question si importante fait l'objet du chapitre sur la masse de l'univers. En outre, l'âge des étoiles les plus vieilles (probablement autour de 15 milliards d'années) place une limite inférieure à celui de l'univers. Le simple fait que toutes ces contraintes soient compatibles entre elles est déjà rassurant et prouve que notre vision des choses n'est pas dénuée de tout fondement. Deux classes de modèles sont alors possibles.

Pour les modèles ouverts, la densité est inférieure à la valeur critique et le paramètre de décélération inférieur à 1/2. La géométrie de l'espace-temps n'est plus euclidienne (c'est-à-dire à courbure nulle) mais à courbure négative. Ils sont analogues à celui d'Einstein-de Sitter en ce sens que l'expansion se continue indéfiniment, tout en se ralentissant. L'âge actuel de l'univers, dans ce modèle, serait voisin du temps de Hubble défini comme l'inverse de la constante du même nom [1], ce qui s'accorde avec les observations pourvu que la valeur de H_0 ne soit pas trop élevée. Un tel modèle pourrait par exemple s'accorder avec l'ensemble de valeurs des paramètres cosmologiques : $H_0 = 50$, $d/d_{critique} = 0{,}02$, constante cosmologique = 0 [2].

Si au contraire la densité est supérieure à la valeur critique, le modèle est dit « fermé ». La géométrie est alors à courbure positive, comme l'est celle de la surface d'une sphère (mais à quatre dimensions au lieu de deux). Bien que l'espace soit sans bornes, il est néanmoins de volume fini (comme la surface d'une sphère est d'aire finie) et l'on peut lui attribuer un rayon. Ce rayon se confond avec le

1. La constante de Hubble H_0 est une vitesse divisée par une longueur et possède donc la dimension de l'inverse d'un temps. Son inverse définit donc une échelle de temps, que l'on appelle « temps de Hubble » t_H caractéristique de l'expansion de l'univers. Tous les modèles prévoient que l'âge de l'univers est de l'ordre de ce temps de Hubble, à un facteur numérique près. Pour les modèles ouverts, ce facteur vaut 1. Si H_0 vaut 50 (respectivement 100 km/s/Mpc), t_H vaut 20 milliards d'années (respectivement 10).

2. La constante cosmologique est un paramètre supplémentaire nécessaire, en plus de H_0 et q_0, pour définir les caractéristiques d'un modèle cosmologique. Elle constitue l'objet du paragraphe suivant.

rayon d'échelle et son évolution définit l'expansion. Un tel modèle prévoit que l'univers contient suffisamment de matière pour que l'expansion soit, dans un lointain futur, freinée, s'arrête totalement, puis reparte dans l'autre sens, définissant une phase de contraction presque symétrique de celle d'expansion. Ce renversement de tendance n'est prévu que dans un nombre suffisant de milliards d'années mais les premiers effets de cette décélération devraient se faire sentir dans les déviations à la loi de Hubble pour les objets les plus lointains de nous (voir plus haut). Celles-ci sont malheureusement masquées par les effets d'évolution, comme nous l'avons déjà mentionné, si bien que nous ne pouvons encore découvrir de cette manière quelle est la dynamique de l'univers.

Les modèles fermés posent quelques problèmes cependant. D'une part on ne voit pas dans l'univers suffisamment de masse pour que la densité dépasse la valeur critique. Si l'on veut croire à ces modèles, il faut donc postuler l'existence de masse invisible, dont nous parlons plus en détails dans le paragraphe qui lui est consacré. D'autre part, ils prévoient un âge de l'univers inférieur au temps de Hubble, ce qui semble en conflit avec les mesures des astronomes. Ces modèles semblent donc à première vue peu satisfaisants pour décrire l'univers, tout comme celui d'Einstein-de Sitter, mais les désaccords seraient supprimés si la constante cosmologique, jusqu'ici supposée nulle, possédait une valeur positive.

4. La constante cosmologique Λ

Ce paramètre cosmologique supplémentaire s'introduit de manière naturelle dans les équations mais c'est un mal-aimé des cosmologistes. Si cette constante n'existait pas (ou si elle était nulle, ce qui reviendrait au même), les propriétés de l'univers seraient déterminées par son seul contenu. L'hypothèse d'une constante cosmologique nulle semble donc, à beaucoup, plus « naturelle », plus « simple » ou plus « économique », toutes ces notions étant tout à fait subjectives et mal définies.

Si elle n'est pas nulle, elle modifie la dynamique de l'univers. Elle permet ainsi d'envisager un modèle d'univers statique, sans expansion (modèle impossible, si elle est nulle). Bien sûr, nous savons aujourd'hui que l'univers est en expansion et la possibilité d'envisager un univers statique ne saurait être une motivation. Pourtant, lorsque fut énoncée la relativité générale et que furent conçus les premiers modèles cosmologiques, la récession des galaxies n'était pas encore découverte et l'hypothèse d'un univers statique paraissait très vraisemblable, sinon impérieuse. Einstein, conscient de ce fait, mit alors l'accent sur cette constante qui apparaissait dans les équations (qu'il aurait *a priori* tout aussi bien pu négliger) et déclara qu'elle ne pouvait être nulle puisqu'il fallait pouvoir envisager un univers statique. Il regretta cette déclaration après que la loi de Hubble eut été découverte mais cette constante possédait alors déjà le statut de paramètre cosmologique qu'il était impossible de lui retirer sans motif valable; cela n'empêcha pas la plupart des cosmologistes de penser qu'elle devait être nulle ou tout au moins insignifiante. Pourtant les choses sont peut-être en train d'évoluer.

L'ensemble des observations astronomiques est compatible avec tout un domaine de valeurs de Λ, y compris la valeur 0. Néanmoins, si la valeur du paramètre de Hubble avoisine 100 km/s/Mpc, comme certaines observations semblent le suggérer [1], une valeur nulle semble incompatible avec les données concernant l'âge des plus vieilles

1. Comme nous l'avons mentionné plus haut, deux écoles principales sont en présence en ce qui concerne l'estimation de la constante de Hubble. L'une annonce une valeur voisine de 100 km/s/Mpc, l'autre de 50 km/s/Mpc. Nous pouvons réaliser l'importance d'un tel débat puisque la valeur 100 km/s/Mpc est incompatible avec une valeur nulle de Λ : prouver que la constante de Hubble vaut 100 km/s/Mpc (environ), c'est prouver que la constante cosmologique n'est pas nulle.

étoiles. En revanche la limite supérieure sur les valeurs possibles reste relativement élevée, jusqu'à pouvoir apporter à la dynamique de l'univers une contribution du même ordre que l'ensemble de sa masse.

Deux attitudes sont alors possibles : ou bien croire à une valeur nulle de Λ, pour des raisons métaphysiques, ou bien admettre qu'aucun motif impérieux ne nous y engage et reconnaître que n'importe quelle valeur est *a priori* possible. De futures observations nous amèneront probablement à trancher : soit que la constante H_0 soit élevée, soit que d'autres arguments moins directs interdissent une valeur nulle de Λ (nous en reparlerons à propos de la formation des galaxies).

A côté de cet aspect purement cosmologique, le problème a récemment pris une nouvelle coloration, à la lumière des derniers développements de la physique des particules et plus particulièrement de la théorie quantique des champs [1]. Nous avons déjà signalé que, dans ce cadre, la distinction entre matière et rayonnement s'amenuisait (bien qu'elle reste pertinente en cosmologie du fait de leurs comportements dynamiques différents). Une nouvelle prévision de la théorie des champs a finalement surgi, dont les cosmologistes ont dû mesurer les conséquences : il est possible d'attribuer une densité d'énergie, non plus seulement à la matière ou au rayonnement, mais aussi au vide lui-même, c'est-à-dire à une zone de l'univers dépourvue de toute particule et de tout rayonnement. Malgré son côté paradoxal, et même inconcevable, cet état de choses est prédit sans ambiguïté par les théories les plus récentes. Les conséquences de l'apparition de ce nouvel acteur sur la scène cosmologique ont conduit ces dernières années à l'idée d'univers inflationniste (que nous décrirons dans les derniers chapitres). Le point remarquable est que l'action dyna-

1. Cet aspect moderne de la physique des particules et ses implications en cosmologie sont discutés dans les derniers chapitres.

mique du vide énergétique s'identifie totalement à celle de la constante cosmologique.

Il serait surprenant qu'une telle identité entre deux êtres physiques provenant de deux théories distinctes et même actuellement totalement disconnectées – la relativité générale et la théorie quantique des champs – soit une pure coïncidence. Il est tentant de penser que la constante cosmologique se voit là attribuer le fondement physique qui lui manquait et les raisons de la supposer nulle perdent alors de leur pertinence. Pourtant le lien est loin d'être fait et rien ne permet encore de comprendre par quel processus cette constante aurait pu acquérir telle ou telle valeur. Bien plus, cette idée fait surgir un problème nouveau qui ne manque pas de tourmenter les esprits.

Si le lien supposé existe bien, la valeur de la constante cosmologique serait donc déterminée par des processus relevant de la théorie des champs. Mais ce que nous en savons conduit à penser que de tels processus ne sont efficaces qu'à des énergies élevées si bien que, même si l'on ignore quelle valeur sera prédite pour Λ, tout conduit à attendre un ordre de grandeur comparable à ces énergies [1]. Pourtant les limites que les observations cosmologiques (âge de l'univers, caractéristiques de l'expansion) permettent de placer sur Λ interdisent des valeurs de cet ordre : si Λ n'est pas nulle, elle ne peut en tout cas prendre la valeur qu'attendaient les physiciens des particules. Si la constante cosmologique dépend effectivement de processus qui relèvent de la physique des particules, pourquoi sa valeur est elle alors si faible?

Rien ne s'y oppose en fait rigoureusement mais il serait

1. Plusieurs échelles d'énergies s'introduisent en physique des particules et à chacune correspondent, par le jeu des combinaisons des constantes de la physique, une température, une densité, une masse caractéristique, et de même une valeur caractéristique pour la densité d'énergie du vide, c'est-à-dire la constante cosmologique. Bien qu'aucune théorie ne prévoie que Λ doive prendre cette valeur, tout laisse penser que n'importe quel processus physique aboutira à l'une de ces valeurs caractéristiques. Pourtant, les observations astronomiques permettent d'exclure toutes ces valeurs qui apparaissent beaucoup trop élevées.

plus satisfaisant de trouver une réponse à cette énigme, sans doute une des plus fascinantes de la cosmologie actuelle.

Sa résolution, qui n'est pas encore en vue, devra probablement faire appel à une théorie qui harmoniserait les prévisions de la relativité générale avec celles de la théorie quantique des champs. Ce pourrait être une théorie, comme la cherchent les physiciens, qui unifierait gravitation et les autres interactions, ce serait en tout cas une théorie qui réunirait mécanique quantique et gravitation [1], permettant de réconcilier les points de vue des astrophysiciens et des physiciens des particules, permettant surtout probablement de prédire la valeur de cette insaisissable constante...

5. *Comment choisir un modèle d'univers?*

Qualitativement, les modèles que nous venons de présenter diffèrent assez peu les uns des autres. Tous débutent par un Big-Bang, tous continuent par une expansion qui se ralentit peu à peu. Les distinctions principales se manifestent dans la géométrie ou dans le destin de l'univers (expansion éternelle ou recontraction) mais, dans le domaine des modèles admissibles, elles ne sont pas assez intenses pour être observables actuellement.

Un modèle simple, parmi ceux présentés, pourrait convenir. Le paramètre de Hubble y vaudrait 50 km/s/Mpc, la densité de masse dans l'univers serait de l'ordre de celle que

1. La gravitation est actuellement la seule interaction qui échappe à la quantification (contrairement à l'électromagnétisme et aux interactions nucléaires). Différents problèmes de physique ou d'astrophysique (structure de l'espace-temps, premiers instants de l'univers, trous noirs...) aboutissent à une impasse du fait de l'incompatibilité de ces deux théories lorsqu'on les pousse à leurs limites. C'est sans doute pourquoi les théoriciens s'efforcent de mettre sur pied une théorie quantique de la gravitation. Les difficultés qu'ils rencontrent amèneront peut-être à remettre en cause certains aspects de la physique quantique, à la modifier ou à la généraliser, en l'harmonisant avec la gravitation. Peut-être ces tentatives réussiront-elles du même coup à réconcilier cette physique quantique avec une vision du monde satisfaisante pour le physicien, ce qui est loin d'être le cas actuellement.

l'on observe dans les galaxies, en fait légèrement supérieure pour rendre compte des effets dynamiques observés (voir chapitre sur la masse de l'univers, p. 117), soit environ 1/10 de la valeur critique; et la constante cosmologique serait nulle. L'univers serait donc ouvert (q_0 inférieur à 1/2), infini, en expansion pour l'éternité.

Mais si ce modèle simple s'accorde avec toutes les observations, ses concurrents ne peuvent être rejetés; seules de futures observations permettront de trancher. Peut-être la constante de Hubble se révélera-t-elle voisine de 100, auquel cas nous saurons que la constante cosmologique n'est pas nulle. Peut-être montrerons-nous qu'il existe dans l'univers sous forme invisible une grande quantité de masse. Ce ne serait plus alors un modèle à faible densité qui décrirait la réalité et la constante cosmologique ne serait sans doute pas nulle. Il est possible enfin que les observations montrent définitivement qu'aucun de ces modèles ne convient, qu'ils sont trop simples. Là, les cosmologistes devront abandonner quelques-uns des principes qu'ils avaient adoptés pour les bâtir.

On peut espérer, dans les prochaines années ou décennies, grâce aux meilleures calibrations de l'échelle des distances et à une connaissance accrue des effets d'évolution, mieux connaître H_0 et q_0; des possibilités de mesure directe de q_0, par des effets relativistes que nous décrivons au paragraphe suivant, s'y ajoutent. D'autre part, les progrès de la physique des particules et les observations astronomiques conduiront sans doute à une meilleure connaissance de la densité de masse dans l'univers. Les raffinements de l'astronomie stellaire permettront de meilleures estimations des âges des étoiles les plus vieilles et fourniront donc des limites plus précises pour celui de l'univers. Tout cela laisse espérer que nous saurons bientôt dans quel modèle nous nous situons.

Cependant, d'autres modèles, auxquels nous avons fait de brèves allusions, abandonnent une ou plusieurs des hypothèses simples que nous avons présentées. Rien ne permet strictement de les exclure. Seul le principe de simplicité guide alors le cosmologiste. Pourtant, les observations montreront peut-être que les modèles homogènes isotropes basés sur la relativité générale ne sont pas viables, auquel cas il faudra bien envisager une description plus complexe.

6. Mesurer directement la géométrie de l'univers?

Si la situation semble difficile pour la détermination des paramètres cosmologiques, un espoir est né pourtant ces dernières années, à la suite de la mise en évidence de lentilles gravitationnelles. Rappelons que la théorie de la relativité générale prévoit, comme cela a été mis en évidence autour du Soleil, que le rayonnement électromagnétique est dévié lorsqu'il passe près d'un objet massif tel qu'une étoile ou une galaxie. Pour une source très lointaine de lumière, telle qu'un quasar (ce sont les objets les plus éloignés que l'on connaisse dans l'univers), cet effet peut modifier considérablement les caractéristiques observables.

En temps normal, une source lumineuse telle que ce quasar émet des rayons lumineux dans toutes les directions, qui se propagent en ligne droite et dont un seulement peut nous parvenir (en fait un petit nombre à cause de l'étendue non nulle du détecteur de lumière). Mais si un objet massif (galaxie ou amas de galaxies) s'interpose entre le quasar et nous-mêmes, ces rayons seront déviés et ne se propageront plus en ligne droite; il se peut alors très bien que ces déviations forcent des rayons distincts à converger vers l'observateur (c'est-à-dire nous-mêmes) et nous verrons donc autant d'images différentes du même quasar dans les directions définies par les rayons lumineux qui nous atteignent.

Ce phénomène a été effectivement observé et on sait ainsi depuis quelques années que deux quasars, qui apparaissaient très voisins et très semblables, sont en réalité deux images d'un seul et même quasar. Un amas de galaxies, situé entre lui et nous, joue le rôle d'une lentille gravitationnelle. Une coïncidence dans l'identité de toutes les caractéristiques, pour deux objets si proches, aurait sans cette explication été fort improbable. Depuis, d'autres images doubles ou multiples ont été détectées pour plusieurs quasars et sont attribuées au même processus.

Ce phénomène est sans aucun doute intéressant par lui-même, et il augmente notre confiance dans la théorie de la relativité générale qui le décrit. Il nous apporte également des informations utiles sur la distribution de la matière massive entre le quasar et nous.

Dans le cas d'observations de quasars à images multiples, les calculs montrent que les paramètres observables dépendent de la géométrie de l'univers. En particulier leur connaissance permet en principe de déterminer les paramètres cosmologiques H_0 et q_0. Néanmoins cela exige de mesurer – à la suite des autres caractéristiques telles que positions angulaires, formes, luminosités des diverses composantes – les décalages temporels entre leurs signaux. Cela est difficile et nécessite que la luminosité du quasar soit variable. Pour pouvoir en effet situer un signal par rapport à l'autre il faut que ceux-ci ne soient pas désespérément plats mais présentent quelques anomalies qui puissent servir à les repérer. C'est dans cet espoir que des astronomes ont entrepris une surveillance systématique des quasars multiples. Si ces objets présentent bien des variations d'éclats, et avec une échelle de temps adaptée (de l'ordre de quelques mois), les astronomes devraient réussir à déterminer H_0 (et peut-être q_0) indépendamment de tous les indicateurs de distance si difficiles à calibrer, ce qui serait assurément un progrès énorme pour la cosmologie.

Troisième partie

LE CONTENU DE L'UNIVERS

L'univers existe-t-il? Cette question semble paradoxale mais elle fait apparaître un problème de taille : ni le terme « univers » ni le terme « exister » ne peuvent être définis de manière suffisamment précise pour que l'on puisse y répondre. Il semble que l'on puisse faire de la physique sans savoir ce que signifie « exister » ou « être réel », la définition de ces concepts étant du domaine du philosophe. Mais qu'en est-il du concept d'« univers »? Lorsqu'il s'intéresse à une planète, une galaxie, ou même à un amas composé de milliers de galaxies, l'astrophysicien sait clairement de quoi il parle. Mais pour l'univers? L'univers se réduit-il à l'ensemble de tout ce qu'il contient, à son contenu? Si tel est le cas, le cosmologiste n'aurait plus de raison d'être; tout ce que l'on pourrait dire sur le cosmos se réduirait à la somme de ce que l'on peut dire sur ce qu'il contient. Une telle définition réductionniste n'est pas satisfaisante. Nous sentons qu'il y a quelque chose de plus : un cadre géométrique, une dynamique propre, un sens d'évolution... Ainsi l'expansion des galaxies ne peut être considérée comme une propriété de ces galaxies, elle doit être attribuée à quelque chose de plus général. C'est par ce genre d'approche que l'on arrive à cerner un concept d'univers, indépendant de son contenu.

Ce concept est bien loin d'être établi sans ambiguïté. Le seul fait que certains n'hésitent pas à parler d'« autres univers » permettrait de mettre en doute sa clarté. Notre point de vue restera celui d'un univers par essence unique, englobant tout ce qu'il contient sans s'y réduire. Nous nous sentons incapables d'en donner une définition plus précise.

Cette conception est peut-être limitative, ne permettant pas de se placer d'un point de vue extérieur et de considérer l'univers lui-même comme un objet (et d'étudier par exemple sa création); mais il semble pour l'instant que de tels problèmes échappent au champ de la physique, ne serait-ce que parce que le physicien est lui-même confiné dans cet univers.

Le meilleur moyen de déterminer ce qu'est l'univers est sans doute d'établir quelles peuvent être ses propriétés. De quels outils peut disposer le cosmologiste? Outre sa réflexion à partir de principes physiques ou métaphysiques, il ne peut compter que sur l'observation du contenu de l'univers, de sa substance, faite essentiellement de matière et de rayonnement. Sa démarche consistera à dégager de cet examen des propriétés suffisamment générales pour qu'il puisse les attribuer à l'entité qu'il appelle « univers ».

En tout état de cause il apparaît nécessaire d'inventorier le contenu visible de l'univers et d'en effectuer une étude approfondie, avant d'espérer en tirer des renseignements de caractère universel. C'est en ce sens au moins qu'une branche importante de la cosmologie passe par l'astrophysique.

Si le cosmologiste s'intéresse à la substance dont se compose l'univers c'est non seulement parce que les galaxies sont les éléments qui s'emboîtent et se réunissent pour en former les structures; mais c'est aussi parce qu'elles recèlent des signes de son évolution passée, et le cosmologiste se fait astrophysicien. Ainsi, de l'observation des galaxies, ou du fond diffus de rayonnement qui baigne l'univers, il apprend des éléments de l'histoire de l'univers, tout comme un biologiste se fait chimiste, pour déduire des échanges moléculaires quelques renseignements sur les processus de la vie.

En plus de ce qui est observé, nous verrons que les cosmologistes ont été conduits à envisager l'hypothèse d'existence de matière non visible. Celle-ci ferait sentir ses effets indirectement, notamment par l'attraction gravitationnelle de sa masse.

La substance même de l'univers est diverse mais pourtant reste unifiée par les lois de la physique. Elle se scinde en deux composantes : l'une, diffuse, continue, omniprésente comme l'atmosphère à la surface de la Terre, mais bien plus ténue, est mal connue; constituée probablement de matière et de rayonnement, elle apparaît dans divers domaines de longueurs d'onde sans qu'il soit facile de reconnaître sa nature.

L'autre composante regroupe des objets distincts, essentiellement des galaxies. Ceux-ci présentent une apparence différente selon le domaine spectral où ils sont observés, selon l'instrument utilisé et selon la distance à laquelle ils se trouvent. On sait ainsi maintenant que de nombreuses radiosources ou sources X sont en fait des galaxies, que l'on peut aussi regarder en optique; on sait aussi que de nombreux quasars se révèlent identiques à des noyaux de galaxies, leur éloignement seul les ayant fait classer sous un vocable différent. C'est la nature de ces objets que nous allons préciser maintenant.

VII

Les galaxies

1. Les éléments de l'univers visible

Les galaxies sont des îles de matière dans un océan de vide (ou presque), des rassemblements de milliards d'étoiles baignant dans du gaz et des poussières interstellaires. Certaines sont connues depuis longtemps : ce sont les plus proches car les plus brillantes. Mais les progrès techniques permettent d'améliorer télescopes et détecteurs, et de regarder beaucoup plus loin dans l'univers. On en trouve toujours et toujours, à peu près en aussi grand nombre. Seule actuellement notre incapacité à distinguer des objets trop peu lumineux nous arrête dans leur dénombrement.

Leur luminosité est due à la superposition des éclats de toutes les étoiles qui les composent, ainsi qu'à la brillance du gaz illuminé par ces étoiles. Cela est vrai pour la lumière mais aussi pour tous les types de rayonnements qu'elles nous envoient : ondes radio, rayons X et gamma, etc. Certaines caractéristiques de ces rayonnements montrent que leur émission est due à des phénomènes violents, mettant en jeu des énergies énormes. On qualifie alors les galaxies en question d'« actives » et plus précisément, cette activité étant localisée dans la partie centrale, de « noyaux actifs de galaxies » (NAG). Ils sont souvent si lumineux qu'ils sont seuls visibles tandis que la galaxie sous-jacente, bien moins brillante, n'est pas perceptible.

Les galaxies furent d'abord découvertes par des observations optiques et c'est selon leur aspect optique qu'elles furent classées. Elles se divisent en « elliptiques » (E), « lenticulaires » (L) et « spirales » (S), auxquelles s'adjoignent les « irrégulières » qui ne ressemblent à rien. Le progrès des observations nous a fait prendre conscience que d'autres paramètres fondamentaux permettaient de les distinguer, tels que le contenu en gaz interstellaire, l'âge moyen des étoiles, etc. Chaque type morphologique de galaxie apparaît d'ailleurs constitué de plusieurs composantes aux caractéristiques différentes.

L'aspect des galaxies elliptiques est celui d'une tache elliptique lumineuse. On en déduit que la forme spatiale de la galaxie est un ellipsoïde, sans que l'on connaisse ses caractéristiques exactes (on n'en voit que la projection, et l'information sur la profondeur manque). Les étoiles qui remplissent cet ellipsoïde sont de couleur assez rouge, signe de leur âge avancé. La loi de variation de la luminosité, du centre jusqu'aux bords, est toujours la même d'une galaxie à l'autre et l'astronome De Vaucouleurs a proposé une formule universelle pour rendre compte de ce profil si général. En outre, on observe bien souvent, au centre de la galaxie, une zone plus lumineuse, le noyau. Ajoutons que les mesures radio ne permettent de déceler que peu de gaz dans ces galaxies, et le tableau sera à peu près complet. Les astronomes pensent, pour toutes les raisons citées, que ces galaxies sont d'un âge avancé, du moins relativement aux autres galaxies normales.

Les spirales se caractérisent par un disque très brillant, formé d'étoiles jeunes et lumineuses, sur lequel se dessinent des bras spiraux. Ce sont des étoiles particulièrement brillantes, ainsi que des nuages de gaz, où d'ailleurs se forment des étoiles, qui dessinent cette structure si reconnaissable. Un renflement se distingue au centre, le bulbe, dont les propriétés ressemblent à celles d'une petite galaxie elliptique qui serait noyée au centre de la spirale. En outre, ce disque contient une grande quantité de gaz, si élevée que les astrophysiciens pensent qu'il doit exister un mécanisme capable de fournir ce gaz tout au long de la vie de la galaxie (une chute depuis l'espace entre les galaxies par exemple). Notre galaxie, la Voie lactée, est une très bonne illustration de ce type, bien que la structure spirale n'ait pas été facile à mettre en évidence puisque le disque est vu de l'intérieur. Les mesures spectroscopiques ont permis d'établir sans ambiguïté, aussi bien pour notre galaxie que pour les autres spirales, que le disque tourne sur lui-même. Cette propriété intéresse fortement les cosmologistes car les caractéristiques dynamiques de cette rotation laissent penser, comme nous le verrons, qu'une grande quantité de matière invisible est présente autour de ces galaxies. Leurs caractéristiques – présence de gaz et de nuages interstellaires, d'étoiles jeunes ou en formation, existence d'un disque, détection de supernovae – laissent penser que ces objets possèdent une certaine jeunesse, du moins par rapport aux autres types, E et L, qui apparaissent plus évolués. Certains modèles supposent d'ailleurs que ces deux derniers types résultent de l'évolution des spirales.

Les lenticulaires semblent constituer une classe intermédiaire. Vues de la Terre, elles ressemblent aux elliptiques mais on s'est aperçu que leur morphologie n'était pas identique : elles sont composées d'un disque plat et mince, peuplé d'étoiles, avec un renflement au centre, le bulbe. Leur pauvreté en gaz les rapproche des elliptiques, alors que morphologiquement elles sont plus voisines des spirales.

Quant aux irrégulières, elles présentent en général les propriétés de populations jeunes, sans que leur morphologie laisse deviner des caractéristiques communes.

2. *Des noyaux très actifs*

Beaucoup de galaxies font montre d'une activité importante dans leur noyau, reconnaissable à l'émission de rayonnements radio, X ou gamma; cependant, bien d'autres objets présentent de telles émissions sans que leur nature de galaxie ait été reconnue; ces objets ont été classés sous divers vocables, mais il apparaît maintenant que beaucoup ne diffèrent que parce qu'ils furent observés dans des conditions et avec des instruments différents : le progrès des techniques d'observation a permis de s'apercevoir que les différences étaient souvent minimes, et en tout cas pas celles que l'on avait cru déceler au premier abord. On s'est aperçu également que la majorité d'entre eux coïncidaient avec les parties centrales des galaxies et l'on réunit aujourd'hui ces objets sous la dénomination de « noyaux actifs de galaxies » (NAG).

Leur physique est encore mal connue, essentiellement à cause de leur éloignement. L'émission observée – aussi bien dans le domaine optique que pour les autres rayonnements – est attribuée à du gaz fortement chauffé et excité par des phénomènes physiques que l'on connaît de mieux en mieux. Le point le plus troublant est la nécessité de présence d'un mécanisme qui excite le gaz avec une très forte densité d'énergie. L'hypothèse la plus probable reste celle de l'existence d'un objet supermassif, sans doute un trou noir.

Il ne semble pas, en tout cas, que les différences soient fondamentales entre les différents types de noyaux actifs; des quasars les plus lointains, et sans doute aussi les plus violents, jusqu'aux galaxies normales ou presque, en passant par toute une gamme d'objets catalogués sous des noms divers – galaxies de Seyfert, galaxies à raies d'émission, galaxies N, objets BL Lac... Toutes ces catégories se recouvrent d'ailleurs et certains des critères qui les distinguent apparaissent de moins en moins pertinents.

Il est important, pour le cosmologiste, de dégager dans cet ensemble d'objets des classes assez homogènes et suffisamment riches, de manière à pouvoir, à partir de leur répartition, déduire des renseignements sur la structure et l'évolution de l'univers. C'est ainsi que des comptages, des études de répartition, des recherches d'effets d'évolution sont entrepris pour chacune de ces classes aussi bien que pour leur réunion. Les comptages de galaxies, de radiosources, de quasars ou de telle ou telle classe apportent des informations inestimables sur la géométrie et la dynamique de l'univers. Un problème de taille subsiste néanmoins car ces classes d'objets ne sont jamais tout à fait homogènes. Leurs membres, s'ils se ressemblent, ne sont pas identiques et font de mauvais étalons standard. De plus, les objets les plus éloignés d'une classe donnée sont aussi les plus jeunes à l'instant où on les observe et diffèrent probablement des autres membres de la classe, beaucoup plus évolués. On fait donc une erreur systématique en attribuant à tous les mêmes propriétés intrinsèques. Il faudrait idéalement corriger ces effets d'évolution, ce que malheureusement nous ne savons pas encore faire avec suffisamment de précision. Tout cela rend bien difficile – comme nous l'avons vu à propos de l'échelle des distances – la détermination des paramètres cosmologiques.

3. Le contenu des galaxies

Si l'on espère tirer des informations cosmologiques de l'observation des galaxies, il est impératif de connaître et de comprendre leur évolution, de savoir interpréter leur contenu. Celui-ci se compose de différentes parties qui n'ont pas la même répartition et dont les proportions varient d'une galaxie à l'autre : étoiles, gaz et régions actives.

Les étoiles

Par leur masse et surtout par leur luminosité, les étoiles sont les composantes essentielles des galaxies. Elles peuvent être, individuellement, plus ou moins massives (l'unité étant la masse du Soleil), plus ou moins lumineuses, d'âge et de composition chimique variés. Les astronomes estiment que trois paramètres, par exemple la masse, l'âge et la proportion d'éléments chimiques lourds (par rapport à l'hydrogène), suffisent à caractériser une étoile et à définir toutes ses propriétés observables : luminosité, couleur, présence de raies spectrales d'absorption (ou plus rarement d'émission), taille, température, etc.

Les étoiles les plus massives sont les plus lumineuses mais elles évoluent très rapidement, de sorte que leur durée de vie est très courte (de l'ordre de quelques millions d'années). Au contraire les étoiles moins massives que le Soleil brûlent leur combustible nucléaire avec parcimonie et, d'un éclat moindre, peuvent durer plusieurs milliards d'années. Indépendamment de leurs masses, les étoiles sont d'autant plus rouges qu'elles sont froides et vieilles, mais aussi (ce qui complique beaucoup l'interprétation des observations), d'autant plus rouges qu'elles sont abondantes en éléments chimiques lourds [1].

A partir des modèles d'évolution stellaire, calculés grâce à la connaissance des réactions nucléaires au sein des étoiles, ainsi que des observations, les astronomes établissent les valeurs des paramètres des étoiles, c'est-à-dire essentiellement leur âge, leur masse (initiale car celle-ci peut varier) et leur composition chimique, également initiale. Le résultat de ces observations permet de distinguer, dans notre galaxie comme dans les autres, plusieurs populations : la population I, la plus récente, est faite d'étoiles jeunes, lumineuses, bleues, riches en éléments lourds (ces éléments ont justement été

1. Rappelons que les éléments lourds sont ceux dont les noyaux comportent un grand nombre de nucléons, protons et neutrons, par opposition à l'hydrogène et à l'hélium. Cette éventuelle richesse d'une étoile en éléments lourds provient du gaz à partir duquel elle s'est formée, ce gaz lui-même ayant été enrichi en ces éléments par une précédente génération d'étoiles qui les ont fabriqués.

fabriqués par une population antérieure d'étoiles). On trouve en son sein des étoiles très massives qui n'ont pas encore eu le temps de mourir, ayant été créées il y a moins de quelques millions d'années. Cette population I se rencontre principalement dans les bras des galaxies spirales, dans les irrégulières et dans les noyaux des galaxies de tous types. Elle est la plupart du temps associée à de grandes quantités de gaz et à des zones où de nouvelles étoiles sont en train de se former.

La population II est beaucoup plus ancienne. Elle ne comporte que des étoiles peu massives car les autres ont eu le temps de terminer leur vie; elles sont d'ailleurs responsables de l'enrichissement en éléments lourds du gaz à partir duquel se sont formées les étoiles de population I.

Rouges, peu lumineuses à cause de leur grand âge, mais pauvres en éléments lourds car elles se formèrent à partir d'un gaz non encore enrichi en ces éléments, elles se rencontrent essentiellement dans les galaxies elliptiques. Lorsqu'elles sont présentes dans d'autres galaxies, comme la nôtre, c'est toujours en se répartissant sous une forme sphérique ou ellipsoïdale, que l'on appelle « halo ». Le halo de notre galaxie est connu mais ceux des autres galaxies sont difficilement observables à cause de la faible luminosité des étoiles qui les composent.

A ces deux populations connues et observées s'ajoute une troisième, hypothétique, qui les aurait précédées. Les astrophysiciens ont plusieurs raisons de penser qu'une telle population III ait pu exister bien qu'ils ne la voient pas. En effet la masse de cette population (invisible car sous forme d'étoiles très vieilles et quasiment impossibles à voir) apporterait une solution à certains problèmes dynamiques, tel celui que nous avons évoqué pour la rotation des galaxies spirales. En second lieu, elle permettrait d'expliquer comment les étoiles de population II ont pu acquérir la faible quantité d'éléments lourds qu'elles possèdent : ceux-ci auraient été synthétisés par cette première génération d'étoiles. Elle pourrait également apporter une alternative à l'explication classique de la présence d'un rayonnement diffus omniprésent. Ce rayonnement de corps noir (voir chapitre sur l'univers primordial) est parfaitement bien observé et expliqué de manière satisfaisante – comme nous le verrons – par la théorie de l'explosion originelle ou « Big-Bang ». Il est néanmoins très important de savoir si cette explication est ou non la seule possible; des étoiles de population III auraient pu émettre un rayonnement chaud qui, en se refroidissant, donnerait une contribution similaire à celle du fond cosmologique observé. Il semble néanmoins difficile, même dans ce cadre, d'abandonner l'explication cosmologique habituelle.

On ne peut comprendre l'évolution des galaxies sans connaître, au moins sommairement, celle des étoiles qui les composent. Celles-ci naissent à partir du gaz interstellaire, dans des régions denses et obscures. Plusieurs étoiles de masses différentes se forment en même temps et la répartition de leur masse, ou fonction de masse initiale, est un paramètre important à connaître pour l'évolution galactique, bien que difficile à estimer. Leur abondance en éléments chimiques (et plus particulièrement leur richesse en éléments lourds) est déterminée par celle du gaz à partir duquel elles se sont formées et joue un rôle important pour l'évolution ultérieure. L'étoile passe par une série d'étapes successives au cours desquelles sa couleur et ses caractéristiques spectrales varient. Cette succession est d'autant plus rapide que la masse initiale de l'étoile est élevée. A la fin, l'étoile meurt, plus ou moins violemment, en laissant souvent un reste massif et relativement peu brillant : trou noir, étoile à neutrons ou naine blanche. Ajoutons, et c'est capital, que d'une manière ou d'une autre l'étoile rejette dans le milieu interstellaire une grande quantité de gaz après en avoir modifié la composition chimique dans le sens d'un enrichissement en éléments lourds, dû aux réactions nucléaires qui se produisent en son sein.

Les modèles d'évolution des étoiles mettent en jeu des calculs complexes de réactions nucléaires, combinés à des problèmes de diffusion et d'interaction entre matière et rayonnement de l'étoile; ils commencent à être suffisamment élaborés pour que l'on puisse, à partir des observations, déterminer sans trop d'erreurs la masse et l'âge de ces étoiles. On en déduit d'importantes conclusions sur les masses et les âges des galaxies.

Ajoutons que tout un chapitre de l'astrophysique, la dynamique stellaire, est consacré aux mouvements et à la répartition des étoiles dans les galaxies. En effet, celles-ci sont en orbite dans le potentiel gravitationnel de la galaxie (qui d'ailleurs est créé par l'ensemble de leurs contributions), et les mesures de leur répartition ainsi que de leurs vitesses permettent de déterminer les paramètres dynamiques de la galaxie : sa forme, sa vitesse de rotation, la répartition des vitesses en son sein, paramètres qui ont une importance considérable pour les déterminations de la masse, de l'âge et des processus de formation de ces objets.

Le gaz dans les galaxies

Le gaz des galaxies peut, lui aussi, jouer un rôle important. C'est à partir de lui que se forment les étoiles et sa présence est un signe d'activité présente ou passée; c'est aussi un indicateur de la jeunesse de la galaxie qui l'abrite, des processus de formation et d'interaction avec le milieu intergalactique. Il se présente sous des aspects variés, le plus souvent en nuages de formes, de densités et de températures différentes, mais remplit également l'espace entre les nuages. Il se compose essentiellement d'hydrogène atomique, moléculaire ou ionisé. Selon son état, les techniques de détection sont différentes et, si l'on a une bonne idée du contenu des galaxies en hydrogène atomique grâce aux très importantes observations radio, il est quasiment impossible de détecter directement la composante moléculaire qui contribue pourtant sensiblement aux masses des galaxies.

Le gaz est surtout présent dans les galaxies spirales, où il est lié à la formation des étoiles, mais il apparaît parfois dans les autres types. Il semble que l'hypothèse d'un afflux continu de gaz à partir du milieu intergalactique devienne de plus en plus probable; ce qui impliquerait évidemment la présence d'une grande quantité de gaz entre les galaxies. Quant à sa composition chimique, et plus précisément sa richesse en éléments lourds, elle est encore une fois le signe d'une activité stellaire passée.

4. *Entre les galaxies*

A côté de ces objets bien définis, ou plutôt entre ces objets, ce n'est pas le vide. Nous avons déjà envisagé l'existence d'un gaz intergalactique pour expliquer la présence de gaz « frais », c'est-à-dire non enrichi en éléments lourds et donc non passé par un stade stellaire, dans les galaxies. Mais aucune observation ne révèle la présence d'un tel gaz. Sous quel aspect pourrait-il alors se présenter? Sous forme de nuages intergalactiques ou réparti uniformément? Chaud ou froid? Ionisé ou non? Toutes les hypothèses sont permises mais les observations limitent les possibilités. S'il y avait trop de gaz chaud, il émettrait tellement de rayons X que l'on s'en apercevrait. On peut donc ainsi établir une limite supérieure à la densité d'un tel gaz chaud de l'ordre de quelques dixièmes de la densité critique de l'univers (ce qui est déjà beaucoup).

De la même manière, on peut placer une limite sur la présence éventuelle de gaz ionisé car ce dernier, n'étant pas tout à fait transparent, obscurcirait d'autant plus le ciel que sa densité serait importante. Malgré de telles limitations on ne peut exclure la présence de quantités importantes de gaz, soit dans des conditions telles qu'il n'émette que peu de rayonnement et reste donc invisible, soit qu'il soit groupé sous forme de nuages que l'on a peu de chances de rencontrer sur notre ligne de visée.

En dehors de ce gaz, composante matérielle proprement dite, l'univers est baigné de rayonnements. Tous les photons émis aux diverses longueurs d'onde par les astres le parcourent en tous sens.

Mais ce n'est pas tout. Dans le domaine des ondes radio, aux longueurs d'onde voisines du millimètre, existe un fond diffus de rayonnement dont l'origine ne peut être attribuée à aucun objet connu. Détecté la première fois en 1965 par les radioastronomes A. Penzias et R. Wilson qui reçurent pour cela le prix Nobel, il remplit l'univers de manière extrêmement uniforme. Il possède en plus – et c'en est une caractéristique bien spécifique – une répartition spectrale (c'est-à-dire une distribution de son énergie en fonction de la longueur d'onde) dite « d'un corps noir ». Rappelons qu'un corps noir est un être physique idéal dont l'émission de rayonnement ne dépend que de la température et obéit de manière parfaite à la statistique prévue par la mécanique quantique. Un accord si parfait ne pourrait être dû au hasard et constitue une indication précieuse sur l'origine de ce rayonnement, qui se révèle intéresser au plus haut point les cosmologistes (voir chapitre sur l'univers primordial). Ceux-ci savent aujourd'hui que ce rayonnement était totalement dominant dans les premières étapes de l'histoire de l'univers.

VIII

Masse et densité de l'univers

L'univers pouvant être d'extension infinie, cela a peu de sens de parler de sa masse totale. Seule possède une signification sa densité, c'est-à-dire sa masse par unité de volume. Cette quantité est extrêmement importante en cosmologie puisque, comme nous l'avons vu en parlant des modèles cosmologiques, c'est elle qui détermine les propriétés géométriques et dynamiques de l'univers, par l'intermédiaire de son influence universelle, la gravitation. Rappelons l'existence d'une valeur critique pour la densité de l'ordre de 2×10^{-29} gcm^{-3} : si la valeur réelle excède ce chiffre, l'univers est de dimensions finies et terminera son histoire en se recontractant sur lui-même; si au contraire elle lui est inférieure, l'univers est infini et verra son expansion continuer sans fin. Cette valeur critique a une telle importance en cosmologie qu'elle est souvent utilisée comme unité. On appelle $\Omega = d/d_{critique}$ le rapport de la densité à cette valeur.

Nous avons vu dans le premier chapitre que la masse était de l'énergie et c'est donc cette dernière qui nous intéresse. Il se peut qu'une partie de cette énergie soit sous forme de rayonnement. Rappelons que la distinction, artificielle, entre matière et rayonnement a été définie dans le premier chapitre.

1. La masse visible

Le plus simple moyen d'estimer la masse est de faire le compte de tous les objets que nous voyons. Ainsi se pose le problème d'estimer la masse d'une galaxie, et donc des étoiles qui la composent. L'unité naturelle de mesure est la masse du soleil : $M_0 = 2 \times 10^{33}$ grammes. Toutes les étoiles cependant n'ont pas la même masse et celles-ci vont de 0,3 à 30 M_0 environ. Ce que l'on mesure est en fait la luminosité de toutes les étoiles dans une galaxie donnée et, pour en déduire la masse, il nous faut connaître le rapport masse/luminosité. Celui-ci vaudrait 1 pour le Soleil (on utilise la luminosité solaire comme unité) mais varie d'une étoile à l'autre. Pour une population d'étoiles telle que celle rencontrée dans les galaxies, on estime que ce rapport vaut entre 3 et 10. Ainsi, lorsqu'on observe une galaxie de luminosité dix milliards de fois celle du Soleil, on lui attribue une masse entre trente et cent milliards de fois celle du Soleil. Sachant que l'on observe environ une galaxie par volume de 75 Mpc^3 (de masse typique = 100 milliards de M_0), on est conduit à une valeur de la densité due à la contribution des étoiles visibles des galaxies.

On doit bien sûr y ajouter la masse du gaz. Celle-ci est malheureusement incertaine, notamment en raison des difficultés à mesurer les quantités exactes d'hydrogène moléculaire. Les estimations varient mais ne dépassent pas, en tout cas, la masse des étoiles.

Aucune autre masse n'est vraiment vue : celle des noyaux actifs est prise en compte dans le calcul de la masse des galaxies. La contribution du gaz intergalactique est inconnue mais en tout état de cause elle ne fait pas partie de la densité visible. On aboutit finalement à une valeur d'environ 5×10^{-31} gcm^{-3} pour cette dernière, qui tient compte de toutes les masses directement observables, d'une manière ou d'une autre, soit 1/50e environ de la densité critique (Ω = 0.02). Notons que cette contribution est faite de matière classique (celle des étoiles ou du gaz), nous dirons « nucléonique » car elle est composée de nucléons (protons ou neutrons), les particules constitutives des noyaux d'atomes. Elle se différencie d'une éventuelle contribution due à du rayonnement ou à des particules autres que les nucléons. La valeur obtenue ainsi est, nous le voyons, bien inférieure à la densité critique de l'univers mais la question se pose de savoir si une autre contribution, invisible, n'est pas également présente.

2. *Toute la masse n'est pas vue*

Il semble difficile néanmoins de supposer que la densité de l'univers se réduit à celle de la masse visible, pour des raisons auxquelles nous avons déjà fait allusion à propos des galaxies spirales. Des arguments dynamiques permettent d'estimer la masse totale d'un système donné (indépendamment de la nature de celle-ci), et l'application de cette méthode à divers systèmes astrophysiques conduit à des valeurs excédant les valeurs déduites naïvement de l'observation.

Le principe de ces estimations est assez simple et tient à l'existence d'une importante relation entre les paramètres dynamiques d'un système stationnaire, exprimée par ce que l'on appelle le « théorème du Viriel ». Lorsqu'une planète orbite autour d'un corps massif, tel que le Soleil, son énergie de rotation, proportionnelle au carré de sa vitesse, s'exprime proportionnellement à la masse de l'objet central et à l'inverse de la distance au centre (on peut retrouver la même relation en énonçant que la force centriguge est égale et opposée à la force d'attraction du Soleil). Le théorème du Viriel généralise cette relation, de manière statistique, à un système comprenant de nombreuses particules dans un même potentiel gravitationnel. Il permet de relier la vitesse moyenne des étoiles dans un système stellaire (galaxie ou amas d'étoiles) à la masse de ce système. Des difficultés surgissent du fait que toute la masse n'est pas répartie au centre et que le système n'est pas homogène, mais on peut raffiner les calculs et espérer obtenir une bonne approximation. De cette manière, la mesure des vitesses et des dimensions permet de déduire la masse totale du système, appelée « masse dynamique ».

On peut appliquer ce raisonnement aux galaxies spirales. Dans ce cas, c'est la vitesse des atomes gazeux entre les étoiles que l'on mesure (en radioastronomie) et l'on établit de manière précise la courbe de rotation, c'est-à-dire la loi de répartition de cette vitesse en fonction de la distance au centre. On déduit de la sorte une masse dynamique, pour les galaxies spirales, bien supérieure à la masse visible. Cela semble impliquer l'existence de masse invisible ou « cachée » qui pourrait par exemple se répartir sous forme d'un halo autour de la galaxie. Il faut noter cependant que ce raisonnement fait implicitement l'hypothèse que le système a atteint une sorte d'équilibre, ce qui n'est pas du tout certain.

L'opinion générale est actuellement que de la masse cachée existe probablement dans les galaxies spirales mais elle pourrait bien être révisée dans les années à venir. Cette éventuelle masse cachée peut être quantitativement exprimée par la valeur d'un rapport masse totale (visible plus invisible) sur luminosité, dont la valeur serait bien supérieure à celle estimée pour le rapport masse visible/luminosité.

Si ce raisonnement peut être fait pour des étoiles dans une galaxie, il peut l'être de la même manière pour des galaxies dans un amas, ou pour des amas dans un superamas. Pour chacune de ces structures on peut ainsi déterminer à partir des observations cinétiques une nouvelle valeur d'un rapport M/L. On remarque alors que plus la structure est grande, plus la valeur estimée de M/L est élevée. Ceci est naturel car un système doit contenir évidemment toute la masse cachée que contiennent ses parties. Mentionnons encore une fois que les valeurs établies sont très incertaines, à tel point qu'il est même difficile de donner un ordre de grandeur de l'incertitude. Cela tient au fait que tout ce raisonnement repose sur des hypothèses dont il est difficile d'estimer la validité. Il faut en tout cas expliquer les valeurs élevées des vitesses mesurées, et la présence de masse invisible est la plus simple et la plus naturelle explication. Nous devons alors nous demander si cette masse cachée peut effectivement exister et sous quelle forme. Il faudrait qu'elle soit invisible et que sa présence ne contredise aucune des autres observations astrophysiques.

Les implications de la nucléosynthèse

Une contrainte sur la valeur de la densité de masse dans l'univers provient de la théorie de la nucléosynthèse primordiale. L'univers étant, au début de son histoire, composé uniquement de protons et de neutrons (outre les particules très légères et le rayonnement), tous les noyaux d'atomes que nous observons aujourd'hui ont dû se former au cours de son évolution. La plupart l'ont été par des réactions nucléaires au sein des étoiles mais certains d'entre eux, les plus légers, ne peuvent absolument pas avoir été fabriqués par ce processus : il s'agit de l'hélium, du deutérium et du lithium 7. La seule explication plausible de leur existence suppose qu'ils proviennent d'une phase de nucléosynthèse primordiale qui s'est déroulée dans les premiers instants de la vie de l'univers. Nous décrirons cette phase importante dans le chapitre XII sur l'univers primordial mais nous pouvons déjà signaler que la nécessité d'une telle étape dans l'histoire de l'univers constitue un des arguments les plus forts en faveur de la théorie du Big-Bang. Mais le déroulement de cette phase dépend des conditions physiques régnant alors dans l'univers : selon que densité et température sont plus ou moins élevées, les éléments sont produits en plus ou moins grande abondance. Les valeurs observées aujourd'hui nous permettent donc de connaître certains paramètres caractéristiques de l'univers.

On est ainsi conduit, pour rendre compte des abondances observées – et plus précisément de celle de l'hélium et du deutérium –, à une valeur de la densité actuelle de l'univers, sous forme baryonique, inférieure à $0.1 \times d_{critique}$. Ceci ne contredit pas les estimations de la densité de masse visible et permet même l'existence de masse nucléonique additionnelle, dont l'hypothétique présence est envisagée au paragraphe suivant, tout en limitant la valeur possible de cette densité. Notons qu'aucune contrainte n'est apportée, quant à l'éventuelle existence d'une composante non baryonique.

3. La densité de l'univers

La densité de matière visible dans l'univers est bien inférieure à la valeur critique (nécessaire pour qu'il soit fermé) mais à peu près en accord avec les estimations de la nucléosynthèse. En revanche, les estimations dynamiques semblent impliquer des valeurs supérieures. Est-il vraiment possible de supposer qu'une grande quantité de masse supplémentaire existe, et sous quelle forme? Peut-il y en avoir suffisamment pour expliquer la dynamique des systèmes? Pour fermer l'univers?

Les astrophysiciens ne manquent donc pas de motivations pour envisager l'existence de masse invisible. Ce problème déjà ancien a été récemment réactualisé par les progrès de la physique des particules qui ont conduit à envisager des nouvelles particules massives. Cette matière invisible peut être soit baryonique, c'est-à-dire formée de noyaux d'atomes, de neutrons ou de protons assemblés d'une manière ou d'une autre (gaz, poussières, cailloux, planètes, étoiles), soit non baryonique, c'est-à-dire constituée de rayonnement ou de particules différentes. Dans chacun de ces cas, la matière peut être sous forme condensée, c'est-à-dire suivant la même répartition que les étoiles, les galaxies ou les amas, ou bien diffuse, comme le serait un éventuel gaz intergalactique, comme l'est le rayonnement diffus cosmologique.

La matière nucléonique

Une partie de la contribution de la matière nucléonique à la densité de l'univers nous est connue : c'est ce que nous avons appelé la « densité de matière visible », dont la valeur s'élève à 2/100e de la densité critique (Ω = 0.02). Une autre matière nucléonique pourrait être présente sans que nous la voyions. Elle ne peut l'être sous forme d'étoiles brillantes ou d'objets émetteurs de rayonnement. Elle doit être invisible. Par ailleurs nous avons vu qu'elle ne peut dépasser 1/10e de la densité critique (Ω = .1) sans être en désaccord avec les prédictions de la nucléosynthèse. Elle ne peut donc « fermer l'univers » (c'est-à-dire atteindre Ω = 1). Néanmoins elle peut constituer la masse dynamique des galaxies et des amas de galaxies, ce qui leur assurerait des valeurs élevées du rapport M/L. Dans ce cas, sa répartition suivrait bien entendu celle de ses structures : elle serait condensée.

On peut envisager la présence de telle matière baryonique condensée au centre des galaxies, ou dans les galaxies mêmes, ou encore dans d'éventuels halos qui les entoureraient. Ou bien au centre des amas de galaxies, et entre les galaxies de ces amas.

Une idée répandue est que les halos de galaxies pourraient être peuplés d'étoiles très peu brillantes, que l'on appellerait pour cette raison « naines brunes », et qui seraient les dernières survivantes (donc très vieilles et de faible masse) d'une possible première génération d'étoiles, la population III dont nous avons déjà parlé. Il est possible que dans un avenir proche des observations en infrarouge viennent permettre la détection de tels objets. Dans le même esprit, on peut s'attendre à la présence de corps condensés non lumineux, tels que des planètes, ou même des cailloux ou des poussières bien qu'il soit difficile d'imaginer une grande quantité de masse sous cette forme. On peut également penser à l'existence d'étoiles supermassives au centre des galaxies, ces zones très brillantes étant en général trop petites et trop obscurcies par des poussières pour que l'observation permette de réaliser ce qui s'y passe. Sont également envisageables des trous noirs, restes de telles étoiles supermassives qui auraient terminé leur évolution avant la formation proprement dite des galaxies ou juste après celle-ci. Toutes ces hypothèses sont possibles mais aucune n'est réellement convaincante tant qu'elle ne sera pas confirmée par une détection.

En ce qui concerne une composante baryonique diffuse, la seule possibilité semble être celle d'un gaz intergalactique, vraisemblablement chaud. Mais la seule motivation pour envisager la présence d'un tel gaz est la présence d'un fond diffus de rayons X. Cette présence ne résoudrait cependant pas le problème de la masse cachée dans les galaxies ou dans les amas.

La matière non nucléonique

En face de ce tableau peu enthousiasmant, la présence possible de matière non nucléonique semble beaucoup plus intéressante, bien qu'encore plus spéculative. Il nous faut tout d'abord parler du neutrino puisque c'est la possibilité de lui attribuer une masse, à la suite de récentes expériences de physique des particules, qui a lancé le débat sur ces questions.

Le neutrino est une particule connue déjà depuis longtemps puisque son existence a été prévue dès 1931 par le physicien Wolfgang Pauli et qu'il a été découvert vingt-cinq ans plus tard. Cette particule ressemble au photon, mais, alors que ce dernier constitue le support des interactions et du rayonnement électromagnétiques que nous connaissons bien, le neutrino joue un rôle similaire pour un autre type d'interactions, les interactions faibles. Leurs manifestations sont pour nous peu évidentes mais leur importance est grande en physique des particules, et, par ce biais, pour certains objets astrophysiques, particulièrement les étoiles. En effet, l'existence du neutrino, capable d'évacuer du centre des étoiles une grande quantité d'énergie, modifie complètement les données du problème de l'évolution stellaire.

Les physiciens ont longtemps pensé que cette particule était, comme le photon, dépourvue de masse. Dans ce cas, et cela à cause du fait que les interactions faibles cessent rapidement de jouer un rôle dans l'histoire de l'univers, les cosmologistes s'intéressaient bien peu à elle, tout en sachant que l'univers en contenait une très grande quantité, presque un milliard de fois plus que de protons.

Mais, en 1980, des physiciens soviétiques annoncèrent qu'ils venaient de mesurer une masse du neutrino, des millions de fois plus faible que celle du proton (soit quelques dizaines de eV [1]). Les cosmologistes s'aperçurent rapidement que ce résultat devait être lourd de conséquences. Même avec une masse aussi faible, les neutrinos sont suffisamment abondants pour contribuer de manière prépondérante (davantage que les nucléons) à la densité de l'univers et dominer ainsi la dynamique de ce dernier. Il pourrait même être possible que cette densité atteigne la valeur critique, ce qui est exclu pour la matière baryonique, de sorte qu'ils « fermeraient » l'univers.

L'enthousiasme a quelque peu baissé depuis : d'une part, les résultats de l'expérience soviétique ont été remis en cause et non confirmés par d'autres expériences; d'autre part, les cosmologistes se sont aperçus que des neutrinos massifs apportaient autant de problèmes qu'ils en résolvaient. Comme nous le verrons au chapitre suivant, il devient dans ce cas particulièrement difficile d'expliquer comment se sont formées les galaxies.

Mais le ver était dans le fruit et, conquis par l'idée qui leur avait semblé si attrayante, les cosmologistes se sont

1. Un eV correspond à 1.78×10^{-33} gramme.

résolument tournés vers les physiciens des particules. Il est ainsi apparu que les théories les plus récentes de physique des particules, théories séduisantes mais encore loin d'être confirmées, prévoyaient une pléthore de particules de tous genres et de masses pouvant être à peu près n'importe quoi.

Nous présenterons dans les derniers chapitres quelques aspects de ces théories et leurs conséquences cosmologiques.

IX

Les structures de l'univers

A toute échelle l'univers est structuré. Du microscopique à l'infiniment grand, tout se présente toujours sous des formes constituées, que nous reconnaissons dans l'observation. Nous sommes ainsi habitués à voir la matière sous forme d'atomes, de molécules ou de cristaux puis, en astronomie, sous forme d'étoiles ou de nébuleuses, puis de galaxies. Les cosmologistes ont réalisé que l'histoire de l'univers se réduisait presque exclusivement à celle de la formation de ces structures qui ne sont pas éternelles et dont nous avons fini par apprendre les conditions d'existence.

Une distinction s'impose immédiatement à leur propos; du fait de leur échelle deux domaines distincts se définissent : celui du microscopique, jusqu'à l'échelle de la matière vivante et celui de l'astronomique, d'une taille au moins égale à celle des planètes. Ces deux domaines correspondent à deux champs d'applications distincts de la physique : la cohésion des molécules et des cristaux, qui forment notre environnement, celle des atomes composant ces molécules, puis des noyaux de ces atomes et des nucléons constitutifs du noyau sont assurées par l'ensemble des interactions électromagnétiques et nucléaires (faible et forte), intenses et à courte portée. Au contraire, la cohésion des objets astronomiques est assurée par la gravitation, bien moins intense mais dont les effets se cumulent comme la masse, et qui devient donc la seule importante à grande échelle. Si les deux structurations sont nées au cours de l'histoire de l'univers, ce n'est ni au même moment ni de la même manière.

La théorie de l'explosion originelle rend bien compte de la formation des structures microscopiques au cours de l'univers primordial, comme nous l'exposerons plus loin. Ce n'est que plus tard, après l'époque charnière de la recombinaison, et alors que l'univers s'est déjà beaucoup refroidi, que se sont formées les étoiles, les galaxies, les structures présentes à grande échelle. C'est à ces dernières que nous allons nous intéresser.

1. Hiérarchies et liaison

L'univers tel que nous l'observons présente un aspect hiérarchisé dans l'organisation de ses structures. Les différents objets s'emboîtent les uns dans les autres : étoiles et planètes forment des systèmes planétaires; puis les étoiles se groupent en amas stellaires; ceux-ci se réunissent avec les étoiles isolées pour former des galaxies, et enfin celles-ci forment des groupes et des amas, qui eux-mêmes se rassemblent en super-amas. La hiérarchie continue d'ailleurs peut-être mais l'échelle supérieure correspond à la limite des observations possibles et nous ne savons rien à son sujet. Néanmoins la plupart des cosmologistes pensent que la structuration s'arrête à très grande échelle et que l'univers finit par être en moyenne homogène.

Ces systèmes apparaissent différents les uns des autres; la Terre est une petite structure à l'échelle astronomique et semble fortement cohérente. C'est la gravitation qui assure cette cohérence en en retenant chacune des parties. Néanmoins, les forces de cohésion des solides qui la constituent s'opposent à l'effondrement de la planète sur elle-même sous sa propre attraction gravitationnelle. Notons que ces forces de cohésion, qui sont celles dont nous avons une habitude journalière, sont finalement dues à des effets d'interaction électromagnétiques entre les atomes de la matière.

Pour les étoiles, la pression de la matière qui les constitue, aidée par celle du rayonnement émis par les parties centrales, s'oppose à l'effondrement. On constate donc que, toujours, une interaction s'oppose à la gravitation. C'est un peu différent pour les structures d'échelles supérieures : amas d'étoiles, galaxies, amas de galaxies, etc. Il n'y a pas d'interaction s'opposant à l'effondrement mais c'est l'agitation des constituants (étoiles, galaxies) qui assure leur capacité à éviter l'ultime concentration au centre : elles possèdent suffisamment d'énergie cinétique pour éviter de s'abandonner totalement à l'attraction gravitationnelle du système. Dans certains cas, cette agitation est si forte que les constituants peuvent s'en libérer; lorsqu'une telle fuite est possible, le système n'est pas lié et ne maintiendra probablement pas longtemps sa cohésion. Les structures semblent de moins en moins liées au fur et à mesure que leur taille augmente et l'on ignore par exemple si tous les amas de galaxies sont ou non liés. A l'échelle du super-amas, la liaison est encore plus incertaine et celui-ci est sans doute à cheval entre sa propre dynamique et l'expansion universelle : il en est tout juste dissocié.

Les galaxies semblent jouer un rôle clé, se situant non loin de la limite entre structures liées et non liées. De plus, pour le cosmologiste, et à l'échelle à laquelle il regarde, les galaxies constituent les objets types dont est peuplé l'univers; on connaît assez bien leur structure et leur répartition. Aux échelles plus petites (systèmes planétaires, stellaires), la cosmologie semble ne jouer aucun rôle : c'est la physique locale qui a été déterminante et les conditions initiales de formation sont oubliées depuis longtemps sans que l'on puisse en retrouver les traces. Aux échelles plus grandes en revanche, la structure et la répartition sont trop mal connues pour pouvoir être utilisées efficacement. C'est donc aux galaxies que l'on s'intéresse le plus.

2. La répartition des galaxies

Il est certain que les galaxies ne sont pas réparties au hasard, comme des grains que l'on aurait jetés par poignées sans loi définie. Le premier aspect de leur structuration est la présence des amas et des super-amas, dont nous avons déjà parlé, mais cette hiérarchie n'est pas tout : on n'est pas non plus en présence d'amas répartis au hasard. Le problème se pose de savoir comment caractériser cette répartition : en dehors de l'appartenance à des amas, et de l'homogénéité probable à très grande échelle, quelle est la statistique la mieux adaptée à cette description? La réponse n'est pas évidente et plusieurs méthodes se révèlent possibles.

La première est déjà devenue classique; il s'agit de l'emploi des fonctions de corrélation. Le degré zéro de l'information sur la répartition s'exprime par la densité moyenne ou nombre de galaxies par unité de volume. On peut la considérer comme la probabilité moyenne de trouver une galaxie en un point de l'espace, quel que soit ce point. Du fait de l'homogénéité à grande échelle, cette quantité est constante et n'est utilisable rigoureusement que pour des échelles supérieures à celle des super-amas. Elle est d'environ 1 galaxie par volume de 75 Mpc^3. On peut alors définir une quantité quelque peu plus subtile : en supposant qu'une galaxie est déjà présente en un point de l'espace et en se demandant si la probabilité de trouver une galaxie en un point voisin est modifiée. Si les galaxies étaient réparties au hasard, il n'en serait rien bien sûr et celle-ci resterait inchangée. Si au contraire les galaxies vivent en groupe comme c'est le cas, on a plus de chance de trouver une galaxie près d'un endroit où s'en trouve déjà une et la probabilité que nous venons de définir est plus élevée. On appelle « fonction de corrélation à deux galaxies » la variation de probabilité de présence d'une galaxie en un point, due à la présence d'une galaxie en un point voisin. C'est évidemment une fonction de la distance entre les deux points considérés. Elle a pu être mesurée pour les galaxies visibles dans l'univers et varie comme la puissance – 1.8 de la distance. Il n'existe pour le moment pas d'explication simple de cette loi bien établie; on définit de la même manière des fonctions de corrélation à 2, 3,... M galaxies. Elles sont cependant beaucoup plus difficiles à déterminer, à cause des incertitudes sur les positions de ces dernières, et ne peuvent véhiculer qu'une quantité limitée d'informations.

Il est clair cependant que certains aspects de la répartition des galaxies ne peuvent être exprimés par cette méthode. Lorsqu'on regarde une carte représentant les galaxies sur la sphère céleste, on croit y distinguer des filaments. Ces structures sont-elles réelles ou sont-elles des illusions de notre vision qui tend à relier entre eux les points? Le fait que ces structures apparaissent sur une carte à deux dimensions alors que la répartition réelle est à trois dimensions complique encore le problème. Il faut chercher si elles sont réelles, et si n'existent pas également des structures plates, en feuillets. L'existence de ces morphologies particulières est d'autant plus importante qu'elles sont prédites par certaines théories de formation des galaxies mais non par d'autres et qu'elles pourraient donc ainsi constituer un test sérieux de ces théories. Par ailleurs, des vides immenses, d'où toute galaxie est absente, semblent avoir été détectés.

Paradoxalement il n'est pas si facile de tester si ces structures ou ces trous sont réels ou non. En effet, on ne sait pas déterminer les distances de manière précise; les décalages vers le rouge sont contaminés par les vitesses propres des galaxies, de sorte que l'on ne connaît pas la position exacte de celles-ci. De plus, une bonne étude statistique nécessite un grand nombre de galaxies et la connaissance des éloignements exige des mesures spectroscopiques qui demandent une longue observation au télescope : l'échantillon est donc nécessairement limité. En outre, les galaxies les plus proches sont bien sûr les plus brillantes; les mesures étant limitées par la luminosité on observe beaucoup plus de galaxies proches que de galaxies éloignées, ce qui fausse quelque peu la statistique.

Néanmoins, plusieurs moyens sont utilisés pour tenter de déterminer les caractéristiques de cette répartition : les méthodes dites de « percolation » permettent de tester la réalité des filaments tandis que d'autres, utilisant les propriétés des surfaces caustiques, tentent de mettre en évidence la présence de feuillets. Rien n'est encore actuellement fermement établi et il faudra sans doute attendre quelques années de plus avant de bien connaître la répartition des galaxies dans l'univers. Néanmoins, la présence de plusieurs régions, dans l'univers, vides de galaxies, semble se confirmer, ainsi que celle de filaments.

Les théories qui tentent d'expliquer l'origine des galaxies devront donc, sinon expliquer, du moins tenir compte de ces caractéristiques particulières de leur répartition.

3. Premières questions sur les structures

Avant d'aborder ce problème de l'origine des structures, il n'est pas inutile de rappeler toutes les incertitudes qui s'y rapportent. Pour les galaxies elles-mêmes, on connaît mal la structure spatiale et encore moins celle en vitesses qui, dynamiquement, joue un rôle aussi important. Pour leur répartition, c'est encore pire; on ne peut affirmer que tous les amas de galaxies sont liés. Les fonctions de corrélation à deux galaxies ne contiennent que peu d'informations et celles d'ordre supérieur ne peuvent être établies sans grandes incertitudes. En outre, les astronomes ne sont pas d'accord sur l'existence ou non de structures de type filaments ou feuillets.

Un seul point semble rallier tout le monde : c'est la gravitation qui est responsable de l'existence de ces structures. Mais comment cette force qui se décrit de manière si simple est-elle capable de créer une telle diversité d'échelles, une telle variété de formes? Elle doit agir de manière énergique car l'expansion de l'univers a tendance à disperser toute la matière dans l'univers et aucune structure ne serait alors présente; elle ne doit pas non plus agir trop violemment car toute la matière se retrouverait au contraire concentrée à l'extrême sous forme d'objets superdenses ou même de trous noirs. Il y a donc là la trace d'un ajustement remarquable, peu probablement dû au hasard : on doit retrouver dans les lois physiques de base la prévision de tous ces phénomènes complexes : c'est la tâche difficile et non encore accomplie des cosmologistes qui s'intéressent à la formation des galaxies.

Nous possédons quelques indices sur l'âge de ces structures : les plus vieilles étoiles dans les galaxies ont une quinzaine de milliards d'années, ce qui les fait sans doute remonter à un milliard d'années après la naissance de l'univers. D'autre part, les observations du rayonnement diffus du fond du ciel (que nous décrirons au chapitre XI) nous montrent que, à l'époque de la recombinaison (c'est-à-dire environ un million d'années après la naissance de l'univers), aucune structure importante n'était alors présente. Mais on ne saurait dire, par exemple, si la formation des étoiles a précédé ou non celles des galaxies, si celle des amas de galaxies est antérieure ou non à celle des galaxies.

Pourquoi, d'autre part, les galaxies ont-elles la masse moyenne de mille milliards de masses solaires et non pas mille fois plus ou moins? On ne voit pas de raison *a priori* pour que cette échelle de masse apparaisse dans l'univers.

La plupart des cosmologistes pensent avec raison que l'univers était extrêmement homogène dans ses tout débuts. Comment alors ont pu naître les premières inhomogénéités qui allaient ensuite s'amplifier jusqu'à donner des galaxies?

Comment s'est poursuivie l'évolution une fois que la formation a été amorcée et que le système a évolué sous l'influence de sa propre attraction? Le domaine de la physique qui s'intéresse à ces questions est celui des plasmas gravitationnels qui, bien que crucial, est encore loin d'être parfaitement connu. Les choses d'ailleurs se compliquent du fait que la matière n'est pas initialement au repos mais entraînée par l'expansion : elle n'en aura que plus de mal à se recontracter. En outre d'autres interactions peuvent encore intervenir et compliquer les choses : si la matière se réchauffe en se contractant, elle peut émettre du rayonnement. Cela accélère la contraction car la perte d'énergie due au rayonnement entraîne une diminution de l'énergie gravitationnelle et donc une concentration. On pense que c'est ainsi qu'ont pu se former les disques des galaxies spirales, et peut-être les amas de galaxies. Dans le cas des étoiles, au contraire, l'action du rayonnement est inverse puisque sa pression freine la contraction et assure un état d'équilibre, au moins momentané.

4. *La formation des galaxies*

En tenant compte de toutes ces difficultés, les cosmologistes essaient d'imaginer comment ont pu se former les galaxies. Le moteur de leur apparition est sans aucun doute la gravitation, mais le mécanisme précis reste à déterminer. En effet, si les forces gravitationnelles sont capables d'amplifier de légères surconcentrations de matière jusqu'à faire naître ces concentrations importantes que sont aujourd'hui les galaxies (ou les amas de galaxies), il reste à savoir d'où proviennent ces premières surconcentrations, ces fluctuations initiales de densité. Elles ne peuvent en effet apparaître ni spontanément ni sous le seul effet de la gravitation.

Il nous faut donc admettre qu'un processus encore mal connu fut à l'origine des premières fluctuations de densité dans l'univers, fluctuations qui furent par la suite amplifiées par la gravitation jusqu'à former les structures que nous observons aujourd'hui. Mais cette amplification est loin de s'effectuer instantanément, surtout du fait qu'il lui faut vaincre une tendance inverse due à l'expansion de l'univers [1]. Pour cette raison, les astrophysiciens pensent que le processus a dû démarrer très tôt dans l'histoire de l'univers, pendant la période dite « de l'univers primordial ». D'ailleurs aucun phénomène physique ne semblerait capable d'avoir créé ces fluctuations à une époque plus récente. Les astronomes sont ainsi convaincus que la naissance de ces premières fluctuations remonte bien avant la période de la recombinaison (période à laquelle l'âge de l'univers atteignait un million d'années) et qu'elles devaient donc être présentes à ce moment. D'un autre côté, les observations du rayonnement diffus cosmologique [2] nous montrent que le niveau de ces fluctuations, leur état de développement, étaient encore très faibles, précisément au même instant. De cette contradiction apparente provient la majeure partie des difficultés concernant les tentatives d'explication de la

1. Ce que nous nommons « fluctuation primordiale » est une légère augmentation de densité par rapport à la valeur moyenne, dans une zone limitée de l'univers. L'amplification de cette fluctuation correspond à une augmentation de cette densité, c'est-à-dire à une contraction du volume qui le délimite : il s'agit finalement d'un effondrement de la matière sous son propre poids. Un tel effondrement, que nous appelons « amplification gravitationnelle », serait très rapide si l'univers n'était pas en expansion, mais cette dernière entraîne un effet tout à fait inverse : toutes les distances, et donc tous les volumes, augmentent – en particulier celui qui contient notre fluctuation –, si bien que, malgré son auto-attraction gravitationnelle, celle-ci a tendance à continuer sur sa lancée le mouvement d'expansion entamé, c'est-à-dire à se diluer plutôt qu'à se contracter. Cet élan que l'expansion communique à la matière dans le mauvais sens est un sérieux facteur de ralentissement pour cette amplification, et donc finalement pour la formation des galaxies.

2. L'observation du rayonnement diffus cosmologique nous renseigne sur cette période de la recombinaison, si reculée dans le temps. Les photons qui le constituent ont en effet été émis à cette époque. L'extrême isotropie de ce rayonnement, c'est-à-dire la constance de son niveau d'un point du ciel à l'autre, nous assure que d'éventuelles inhomogénéités ne pouvaient être très développées à l'instant de la recombinaison (cela est plus détaillé dans le chapitre sur l'univers primordial).

formation des galaxies. Les astronomes s'accordent néanmoins pour distinguer trois périodes : la toute première origine des fluctuations primordiales, bien avant la recombinaison, ainsi que leur évolution jusqu'à cette époque. La seconde période s'intéresse aux premières phases de la croissance (dite « linéaire ») de ces fluctuations sous l'influence de la gravitation, cette étape commençant juste après la recombinaison. La troisième étudie le passage de ces fluctuations, déjà bien développées, dans une phase de contraction plus rapide (dite « non linéaire ») aboutissant aux galaxies et aux structures observées aujourd'hui.

Les premières fluctuations

La première étape du problème consiste donc à s'interroger sur la toute première origine de ces fluctuations. Il est naturel de penser que l'univers était homogène dans les tout premiers instants de son existence. Si cela n'avait pas été le cas, il serait difficile d'imaginer comment il aurait pu le devenir par la suite, ce que montrent les observations actuelles (aux très grandes échelles du moins, bien supérieures à la séparation entre galaxies). C'est donc dans un univers très homogène qu'ont dû naître les premières fluctuations de densité. Par quel processus ? Les physiciens ont bien du mal à le déterminer.

De nombreux phénomènes, en physique, sont susceptibles de générer des fluctuations : turbulences, instabilités, fluctuations statistiques. Pourtant, aucun n'est efficace dans les conditions de l'univers primordial (et encore moins par la suite, d'ailleurs). D'autre part, les nécessités du principe de causalité entraînent qu'aucun processus ne peut opérer, ou plutôt avoir opéré à un instant donné, sur une trop grande échelle. En effet, du fait de l'extrême jeunesse de l'univers, les effets d'un tel processus n'auraient tout simplement pas eu le temps de se propager. Cela parce que aucune vitesse d'interaction ne peut dépasser celle de la lumière.

Ces perturbations doivent pourtant exister dans l'univers

primordial. Certains pensent qu'elles étaient présentes *ab initio*, dès le début (la création?) de l'univers, de sorte que le problème de leur origine devient caduc. Ce genre de conception ne fait cependant que refléter notre incapacité actuelle à trouver un processus physique efficace. Repousser le problème jusqu'à le situer hors du cadre de la physique ne constitue à notre avis qu'un aveu d'impuissance.

Des espoirs plus sérieux sont nés récemment, à partir de récentes théories de la physique des particules. Celles-ci sont très hypothétiques, et leurs conséquences cosmologiques encore davantage, mais là résident les seules possibilités actuelles de trouver une origine aux fluctuations primordiales. Celle-ci se serait située dans les tout premiers instants de l'histoire de l'univers, l'âge de celui-ci n'étant alors que de 10^{-35} seconde. Nous décrirons ces phénomènes – phase « d'inflation » de l'univers ou apparition de « cordes cosmiques » – dans le chapitre concernant la physique des particules.

Signalons également une ultime possibilité, encore antérieure et plus hypothétique : il se pourrait que l'univers ait été, encore plus tôt dans son histoire, le siège de conditions physiques extrêmement particulières, qui n'ont rien à voir avec celles que nous connaissons puisque les notions d'espace, de temps, d'énergie, etc., y auraient perdu leur sens. Les physiciens théoriciens avancent quelques arguments en faveur du déroulement d'une telle ère, dite « de gravité quantique », encore antérieurs (10^{-43} seconde) à ce dont nous parlions précédemment. Bien plus, ils croient reconnaître dans les quelques caractéristiques qui pourraient être celles d'une telle période (que l'on appelle également « ère de Planck »), des éléments favorables à la création de perturbations primordiales.

Tout cela est loin d'être définitif et la recherche de l'origine de ces toutes premières fluctuations de densité occupe activement les astrophysiciens et surtout les physiciens théoriciens. Cela est d'autant plus regrettable que la suite des événements (la manière dont ces fluctuations sont amplifiées par la suite) dépend de leurs caractéristiques initiales. Par exemple, ces très faibles surconcentrations de matière que sont les fluctuations primordiales peuvent concerner, indépendamment de leur niveau, des zones plus ou moins vastes de l'univers de cette époque. On peut distinguer ainsi fluctuations à grande et petite échelle, ce qui ne préjuge pas de leur niveau. Ainsi, on peut par exemple envisager que, partout dans une zone de 1 centimètre de rayon, la densité de l'univers soit plus élevée en moyenne d'une fraction égale à 1 millionième. On peut également supposer la même variation relative dans une zone d'un rayon de 10 kilomètres : ce sont deux fluctuations de même niveau mais d'échelles différentes (bien entendu, du fait de l'expansion, 1 centimètre à cette époque correspondrait maintenant à la taille d'une galaxie, 10 kilomètres à celle de l'univers observable). Fluctuations de petite ou de grande échelle n'aboutissent pas du tout, à la fin du scénario, aux mêmes effets. Les astrophysiciens supposent en fait que toutes les échelles spatiales sont présentes simultanément. Tout dépend de l'importance relative des unes par rapport aux autres (ce que l'on nomme « spectre d'échelles »). Certains processus pourraient favoriser les petites échelles, d'autres les grandes échelles, et ils conduisent donc à des spectres différents. Il est aisé de comprendre qu'un spectre favorisant plutôt les petites échelles devrait aboutir à la formation des galaxies (ou même de structures encore plus petites) avant celles de structures plus grandes comme les amas de galaxies, alors que ce serait l'inverse pour un spectre comportant plus de grandes échelles. Le point délicat, néanmoins, provient de ce que l'amplification n'est pas également efficace à toutes les échelles, si bien que des fluctuations d'une certaine échelle, au départ moins importantes, peuvent rattraper celles d'une autre échelle.

Indépendamment de leur échelle, les fluctuations primordiales se distinguent encore par la nature de la matière qu'elles concernent. En effet, l'univers à cette époque est constitué de plusieurs composantes plus ou moins bien mélangées : les photons du rayonnement (qui représentent à cette époque une très grande quantité d'énergie, donc de masse), les baryons de la matière ordinaire (qui plus tard formeront les galaxies proprement dites) et peut-être d'autres espèces importantes (neutrinos ou autres particules massives). Certaines fluctuations pourraient très bien n'affecter qu'une de ces composantes sans concerner les autres. Cette sélection ne resterait bien sûr effective que lors d'une période limitée puisque la gravitation justement finirait par coupler l'ensemble de la matière.

Les premiers stades d'évolution

Pendant le premier million d'années, l'univers est dans sa phase dite « primordiale », que nous décrirons en détail dans les chapitres suivants. Il est alors bien différent de ce qu'il est aujourd'hui : très chaud, très dense, mais aussi très homogène puisque les seules inhomogénéités présentes sont justement ces faibles fluctuations primordiales qui nous intéressent. Le problème consiste à calculer leur évolution; celle-ci dépend de leur composition (matière baryonique seule, ou matière et rayonnement, ou autre chose) mais en tout état de cause, elles ne peuvent s'amplifier avant la recombinaison (c'est-à-dire avant 1 million d'années).

Les physiciens pensent en effet qu'elles n'ont pu, au cours de cette période, dépasser leur niveau initial, celui avec lequel elles furent créées, par des processus probablement non gravitationnels. Cette limitation provient du fait que l'univers, à cette époque, se voyait nettement dominé par le rayonnement (et non comme aujourd'hui par la matière), ce dernier offrant une résistance considérable à l'amplification des perturbations. En effet, par l'intermédiaire de sa pression très élevée – comparativement à sa densité de masse –, il bloque toute contraction des fluctuations, les empêchant de s'amplifier jusqu'à la recombinaison. Jusqu'à ce moment, tout est donc en quelque sorte gelé, les faibles perturbations primordiales restant à un niveau constant et subissant docilement l'expansion de l'univers.

Les observations du rayonnement diffus cosmologique nous fournissent d'ailleurs un moyen de vérifier l'exactitude de ces idées. Comme nous l'avons déjà vu, elles nous assurent que le niveau de ces fluctuations est encore très faible à la recombinaison (moins d'un millième en valeur relative).

En fait, le gel des perturbations ne correspond d'ailleurs qu'au cas le plus optimiste. Il se pourrait aussi que ces perturbations disparaissent purement et simplement par des effets d'amortissement. C'est en effet ce que prévoient certaines théories, du moins pour les échelles inférieures à la dimension des amas de galaxies. Selon ces scénarios – nommés « scénarios adiabatiques » – aucune fluctuation ne serait donc présente à la recombinaison avec une échelle inférieure à celle des amas; en particulier, aucune fluctuation ne serait présente à l'échelle des étoiles ou des galaxies, ce qui n'est pas, bien sûr, sans poser de nombreux problèmes. Cet effet d'amortissement, dans le cas adiabatique, serait encore dû à l'influence du rayonnement, qui pousse les inhomogénéités à s'amortir.

Finalement, deux scénarios sont possibles, *grosso modo* : ou bien les fluctuations initiales ne concernent que la matière (et pas le rayonnement); elles sont dites « isothermes » et se conservent au niveau de leur formation, sans histoires, de leur création jusqu'à la recombinaison; ou bien elles concernent matière et rayonnement simultanément (cas adiabatique) et seules les grandes échelles, au-delà des amas de galaxies, subsistent alors à la recombinaison.

L'étape de la recombinaison et l'apparition des galaxies

L'époque de la recombinaison, qui marque la fin de l'univers primordial, constitue une époque clé dans l'évolution de l'univers, et plus particulièrement du point de vue de la formation des galaxies. Deux phénomènes y coïncident : d'une part, les électrons libres jusqu'ici se recombinent aux noyaux d'hydrogène, ce qui a pour conséquence de découpler la dynamique des baryons et celle des photons. D'autre part, la densité du rayonnement cesse d'être prépondérante, au bénéfice de celle des baryons. Ces derniers acquièrent donc une dynamique propre et l'univers entame l'ère de la matière (par opposition à celle du rayonnement), dans laquelle il subsiste aujourd'hui.

L'ère qui suit la recombinaison est donc une ère matérielle. La matière baryonique est débarrassée du rayonnement qui empêchait sa contraction et plus rien ne gêne l'amplification gravitationnelle des perturbations (c'est-à-dire la contraction gravitationnelle de la matière qu'elles contiennent jusqu'à l'apparition des galaxies). A ce stade seuls nous intéressent donc les baryons et, pour connaître la suite des événements, il faut examiner les échelles en présence. La dynamique de la contraction gravitationnelle est assez simple; les seuls effets à prendre en compte étant ceux de la gravitation et de la pression du gaz de baryons, susceptible de ralentir cette contraction. Cette pression n'est pas gênante pour le développement des perturbations d'échelle intermédiaire, de celles des amas d'étoiles (10^6 masses solaires) à celles des galaxies (environ 10^{12} masses solaires). Ainsi, si des perturbations sont présentes à ces échelles, ce sont elles qui se contracteront les premières pour former des structures de la taille des galaxies ou même inférieures (de la taille d'amas stellaires par exemple). Mais il se peut qu'aucune perturbation de cette taille ne soit présente à la recombinaison (c'est le cas du scénario adiabatique, à cause de l'amortissement qui précède la recombinaison). Dans ce cas, seules les échelles plus grandes peuvent se concentrer, celles des amas ou des super-amas de galaxies par exemple, qui se formeront donc avant les galaxies. On voit émerger deux types de scénarios bien différents selon l'échelle des fluctuations présentes à la recombinaison, en d'autres termes, selon la forme du spectre des fluctuations.

Cette forme dépend bien sûr de celle du spectre initial des fluctuations primordiales (à leur création), mais aussi de leur nature. Pour des fluctuations isothermes, elle est préservée jusqu'à la recombinaison où le spectre apparaît tel qu'à sa création; au contraire, dans le cas des perturbations adiabatiques, toute une partie est supprimée, si bien que ne subsistent que les grandes échelles.

Ainsi un premier scénario peut être dessiné, correspondant au cas de perturbations initiales isothermes. Rien ne leur est arrivé durant l'univers primordial et leur spectre initial subsiste tel quel durant toute cette période, jusqu'à la recombinaison. En particulier, à l'échelle des amas stellaires (1 million de masses solaires), les fluctuations sont bien présentes et ce sont elles qui vont croître le plus rapidement. On s'attend donc à la formation de nuages de 1 million de masses solaires, nuages qui par la suite subiront simultanément deux processus : d'une part, une fragmentation en unités plus petites qui donneront naissance à des étoiles massives; d'autre part, un rassemblement en structures plus grandes, les galaxies, qui par la suite, à leur tour, se regrouperont en amas, super-amas, etc., selon un processus hiérarchique. Ce modèle, baptisé « modèle hiérarchique », prédit la formation des galaxies à partir des étoiles déjà constituées (et non pas de gaz). Il prévoit la formation d'amas de galaxies à partir de galaxies déjà constituées, ce qui laisse prévoir certaines caractéristiques de la répartition à grande échelle de ces structures (forme de la fonction de corrélation, groupement en amas, absence de filaments). Mais les observations ne sont pas encore assez complètes pour permettre de confirmer ou d'écarter ce modèle par rapport à son concurrent.

L'autre scénario part de l'hypothèse de perturbations adiabatiques. Dans ce cas, les perturbations aux petites échelles, totalement amorties, disparaissaient pendant l'univers primordial, à cause de leur interaction avec le rayonnement (la caractéristique, justement, de ces perturbations adiabatiques). Les perturbations de 1 million de masses solaires environ qui, dans le modèle hiérarchique, croissaient les premières, ne sont plus là et ce sont des structures beaucoup plus grandes qui se formeront tout d'abord, de la taille des amas ou même des super-amas de galaxies. Mais ces structures ne sont pas encore des amas de galaxies puisque les galaxies ne sont pas encore nées : ce ne sont que des protoamas qui se condensent sous une forme gazeuse, les étoiles n'existant pas encore. Cependant, la contraction d'une structure gazeuse n'obéit pas aux mêmes lois que celle d'un ensemble d'étoiles déjà formées (comme dans le cas hiérarchique). La théorie prévoit que, au lieu de garder une allure sphérique, ils s'aplatissent préférentiellement dans une direction, créant des structures en forme de crêpes. D'où le nom de la théorie, dite « des pancakes » (dont la traduction française est « crêpes »). Ce modèle prévoit donc, dans l'univers, l'existence de très grandes structures aplaties (en feuillets) ou de filaments correspondant à leurs intersections. Si de telles formations étaient mises en évidence, par observation, sans ambiguïté, ce serait bien sûr une forte présomption en faveur de ce scénario. Les astronomes s'emploient activement à rechercher de telles structures dans la répartition des galaxies.

Il reste à remarquer néanmoins que les deux modèles présentent certaines difficultés. Tous les éléments de physique intervenant lors de ce processus très long, depuis l'apparition des fluctuations primordiales jusqu'aux derniers stades de la formation des galaxies, sont loin d'être compris. Bien des incertitudes subsistent et les estimations des paramètres restent imprécises. Ajoutons que les seuls moyens d'expliquer la toute première origine des fluctuations font appel à des théories très hypothétiques et même, comme nous le détaillerons dans les derniers chapitres, à des prolongements très spéculatifs de ces théories. Il manque donc encore une base solide à l'édifice. Il semble également – mais ce problème est en pleine discussion au sein des astrophysiciens – que les fluctuations puissent difficilement croître suffisamment pour pouvoir donner naissance aux galaxies tout en satisfaisant à toutes les contraintes observationnelles, notamment l'extrême homogénéité du rayonnement diffus cosmologique. Une solution pourrait provenir de l'existence, encore hypothétique, de particules massives non baryoniques, ou bien d'une valeur non nulle de la constante cosmologique (voir chapitre VI-4); mais là règne encore l'incertitude.

Les deux modèles présentés ci-dessus peuvent en effet subir quelques variantes, notamment s'il existe dans l'univers une grande quantité de particules massives non baryoniques. L'existence d'une telle composante supplémentaire au contenu de l'univers modifie les choses de deux manières. En premier lieu, le spectre résultant à la recombinaison dépend de la nature de ces particules [1] : pour les particules dites « froides », tout se passe comme dans le cas isotherme : les fluctuations de faible échelle sont présentes et se mettent à croître rapidement. Si les particules sont « chaudes », les petites échelles ont disparu et le scénario est de type adiabatique. Mais la modification la plus importante provient du fait que le niveau des perturbations baryoniques (celles qui nous intéressent),

1. Si des particules massives et non baryoniques existent dans l'univers, elles modifient le scénario de formation des galaxies, en fonction de trois paramètres essentiellement : leurs masses, leurs densités et leurs vitesses. Les détails des modèles cosmologiques apportent certaines contraintes, imposant notamment que vitesses et densités dépendent uniquement de la masse individuelle de ces particules, qui reste donc le seul paramètre intéressant. En fonction de ce paramètre, les types de particules possibles se classent en deux catégories principales : les « froides », de forte masse individuelle, conduisent à des scénarios de type isotherme (mais sans en présenter les principaux défauts); les « chaudes », de masses moins élevées, conduisent à des scénarios de type adiabatique, mais apparemment sans vraiment résoudre les problèmes; ainsi le neutrino, qui possède peut-être une masse et qui fut un des premiers candidats proposés pour résoudre les problèmes de la formation des galaxies, est-il une particule « chaude », c'est-à-dire un médiocre candidat finalement; des particules « tièdes » sont aussi définies entre les deux.

après la recombinaison, peut être beaucoup plus élevé que dans les cas précédents, et cela sans violer les contraintes observationnelles. La solution du problème pourrait bien être là. Le scénario le plus favorable fait intervenir des particules « froides », c'est-à-dire de masses supérieures à 1 000 eV, soit environ 10^{-30} gramme (mille fois moins que la masse de l'électron). Reste à voir si de telles particules existent réellement. Il y a peu d'espoir de les détecter directement. Pour être certains de leur existence, il nous faudra soit attendre une théorie de physique des particules suffisamment élaborée, soit détecter la preuve de leur présence par des observations astronomiques, ce qui serait bien sûr un résultat capital pour les physiciens théoriciens (voir chapitre XIV-7).

Aucune bonne théorie n'existe donc encore, finalement, pour la formation des galaxies. Plusieurs voies se présentent, aucune n'étant vraiment convaincante. Les cosmologistes auraient besoin pour conclure d'une information que les physiciens des particules sont encore incapables de leur donner. Ce problème de la formation des galaxies n'est-il qu'un dernier point à régler dans le cadre du modèle du Big-Bang, destiné à être résolu dans un proche avenir ? Ou bien au contraire verra-t-il échouer toutes les tentatives pour le régler, jouant ainsi le rôle de déclencheur d'une nouvelle révolution cosmologique ?

Quatrième partie

L'UNIVERS PRIMORDIAL

X

Pourquoi l'univers primordial?

Au début de son histoire, il y a plusieurs milliards d'années, l'univers était très différent de ce qu'il est aujourd'hui, notamment beaucoup plus chaud et beaucoup plus dense. Une coupure dans son histoire marque la transition entre l'ère de l'univers primordial (âgé de moins d'un million d'années) et l'univers récent, où les conditions physiques se rapprochent davantage de celles d'aujourd'hui. Cette transition, qui se produisit il y a environ 15 milliards d'années, est marquée par deux faits cosmologiques nommés « équilibre » et « recombinaison » par les cosmologistes. Ces deux événements se sont déroulés en effet à peu près simultanément dans l'histoire de l'univers et tous deux marquent un changement important dans ses conditions physiques.

1. La période d'équilibre : matière contre rayonnement

C'est par définition le moment, dans l'histoire de l'univers, où la densité d'énergie de la matière baryonique (la matière « ordinaire ») et celle du rayonnement deviennent comparables. Ces deux espèces ont coexisté de tout temps (et coexistent toujours) dans l'univers : la matière baryonique, formée essentiellement de protons, neutrons et électrons, constitue les structures que nous observons, planètes, étoiles, galaxies mais aussi tout notre environnement terrestre; tandis que le rayonnement est au contraire diffus, omniprésent ainsi que nous le détaillerons plus loin.

Nous savons qu'aujourd'hui presque toute l'énergie de l'univers est sous forme de matière baryonique, constituée de l'énergie de masse des nucléons [1]. En effet, bien qu'il y ait environ un milliard de fois plus de photons (particules de rayonnement) que de nucléons dans l'univers, chacun de ces photons ne possède qu'une énergie de 1/000e de eV environ, soit mille milliards de fois moins que l'énergie de masse d'un nucléon. Même en multipliant par un facteur 1000 on reste loin de l'énergie des nucléons.

On traduit cette prépondérance en déclarant que nous sommes dans l'ère de la matière.

Cependant, il n'en a pas toujours été de la sorte. L'expansion de l'univers, en augmentant les distances, et donc les volumes, dilue l'énergie de l'univers. Mais elle ne dilue pas pareillement celle de la matière et celle du rayonnement. Dans un volume en expansion (dont le rayon R augmente avec le temps), le nombre de particules, qu'elles soient de matière ou de rayonnement, reste constant. Pourtant, alors que l'énergie (de masse) d'une particule de matière reste conservée, celle d'un photon diminue (comme l'inverse du rayon). Donc l'énergie de masse, celle de la matière, contenue dans le volume reste constante alors que celle du rayonnement diminue. Dans l'univers, immense volume en expansion, il en est de même. Mais ce que nous appelons

1. Comme nous l'avons indiqué au premier chapitre la masse représente en effet beaucoup d'énergie. Toutefois, la matière baryonique ne domine actuellement vraiment la masse de l'univers, et donc son énergie, que s'il n'existe pas une population importante de particules massives et invisibles d'un type encore inconnu. Une telle possibilité est détaillée dans les chapitres sur la formation des structures et sur la physique des particules.

densité se rapporte à un volume fixe et non en expansion : c'est la quantité d'énergie contenue par exemple dans un mètre cube ou, en astronomie, dans un parsec cube. Dans un tel volume les effets de dilution se font sentir. Pour la matière, seul cet effet joue et la densité d'énergie varie comme l'inverse du volume (autrement dit de la puissance 3 du rayon), pour le rayonnement s'y ajoute le fait que l'énergie contenue dans le volume en expansion décroît elle aussi. Sa densité d'énergie diminue donc plus rapidement, comme la puissance −4 du rayon d'échelle. En conclusion, le rapport des deux types de densités d'énergie (rayonnement sur matière) décroît comme l'inverse du rayon d'échelle au fur et à mesure que l'univers évolue.

Si aujourd'hui la matière domine, il n'en était donc pas de même auparavant. A l'époque de l'équilibre, les deux densités sont par définition égales. Pendant l'univers primordial, l'univers était dominé par les photons : il était dans l'ère du rayonnement.

Si la nature – matière ou rayonnement – du contenu de l'univers a tant d'importance, c'est qu'elle influe sur son comportement dynamique, en particulier sur sa vitesse d'expansion, mais aussi par exemple sur les premières étapes de la formation des galaxies. Si les photons se comportent comme du « rayonnement », c'est parce qu'ils se propagent à la vitesse de la lumière, si bien que leur énergie, due à cette extrême agitation, n'est pas de même nature que l'énergie de masse des autres particules. Au contraire, les vitesses des nucléons sont bien inférieures à celle de la lumière, si bien que leur énergie d'agitation se révèle négligeable. Cette distinction peut s'exprimer en termes de pression, extrême pour les photons, quasiment nulle pour les nucléons. Ainsi, du point de vue de la dynamique c'est la présence ou l'absence de pression qui fait la distinction entre rayonnement et matière. De ce fait, le rayon d'échelle de l'univers croît plus rapidement (l'expansion est plus rapide) pendant l'ère de la matière que pendant celle du rayonnement.

2. *La recombinaison, une séparation définitive*

A peu près simultanément à cette transition qu'est la période d'équilibre, s'est déroulée une autre étape importante dans l'histoire de l'univers, la recombinaison. C'est l'instant transitoire pendant lequel l'essentiel de la matière de l'univers passe de l'état ionisé à l'état non ionisé.

Avant l'âge de 1 million d'années, l'univers est en effet très chaud, se refroidissant à cause de l'expansion, si bien que toute la matière qu'il contient se trouve à l'état ionisé. Cela veut dire que le gaz constitutif (à cette époque, aucune étoile, galaxie ou autre objet n'est encore formé) comprend des noyaux d'hydrogène (c'est-à-dire des protons libres) ou d'hélium, mais pas d'atomes constitués. Les électrons se promènent librement entre ces noyaux, sans leur être liés. Noyaux d'une part (chargés positivement), électrons d'autre part (chargés négativement) forment donc deux populations distinctes, en abondance identique, ce qui assure la neutralité électrique de l'univers.

Mais les lois de la physique atomique nous enseignent que l'hydrogène n'existe à l'état ionisé que si la température dépasse 4 000 kelvins. En dessous, les électrons ne possèdent pas assez d'énergie pour vaincre l'attirance qu'exercent sur eux les noyaux (attirance de nature électrostatique) si bien qu'ils se lient à ceux-ci pour former des atomes proprement dits. Au-dessus, les photons très énergétiques du rayonnement dissocient, par bombardement, les rares atomes existants. Ainsi, lorsque au cours de son expansion, l'univers se refroidit, il passe soudain, à la température de 4 000 kelvins, de l'état ionisé à l'état non ionisé [1].

Cette recombinaison est une étape importante de l'histoire

1. Cette recombinaison n'est en fait pas instantanée mais graduelle; en outre elle n'est pas totale : une petite fraction de la matière reste à l'état ionisé si bien que quelques protons et électrons subsistent à l'état libre.

de l'univers, pour de nombreuses raisons. Elle se situe dans la succession des structurations qui jalonnent l'histoire de l'univers. Auparavant, un quart des nucléons s'étaient déjà structurés en noyaux d'hélium (nous détaillons plus loin cette étape, dite « de la nucléosynthèse primordiale »). Par la suite, les atomes qui viennent de se former se grouperont en molécules, ou en poussières puis, à des échelles encore plus grandes, en étoiles, planètes, galaxies. La cause de ces structurations successives échappe encore à une compréhension totale de la part des physiciens. Il est en tout cas certain qu'elles constituent une des propriétés fondamentales de notre univers.

Revenons à la recombinaison et à ses conséquences. Antérieurement, la matière est donc ionisée si bien que les électrons évoluent à l'état libre; cette liberté des électrons détermine l'interaction entre le rayonnement électromagnétique et la matière. Les photons du rayonnement, en effet, n'ont aucune chance de se propager sans rentrer en collision avec ces électrons libres, selon un phénomène bien connu des physiciens et nommé diffusion Compton. Ces collisions ont pour conséquences de coupler totalement le gaz électronique et le rayonnement, mais aussi d'empêcher la propagation libre des photons. Il en résulte, puisque les photons ne peuvent se propager, que l'univers est opaque à tous les rayonnements (des ondes radio jusqu'aux rayons X). Après la recombinaison au contraire, la population d'électrons libres devient minuscule si bien que le rayonnement peut se propager librement : l'univers devient transparent; il n'y a presque plus d'interaction entre matière et rayonnement.

Par conséquent, la dernière époque que nous puissions observer par l'intermédiaire du rayonnement est celle-ci, celle de la recombinaison. Et le fait capital est que, justement, nous l'observons, sous la forme de ce qui est appelé « rayonnement diffus cosmologique ». Nous consacrerons un chapitre spécial à ce rayonnement d'extrême importance mais nous pouvons déjà préciser qu'il est constitué des photons présents à cette époque en grande quantité (rappelons que jusqu'alors l'univers est encore dominé par le rayonnement) et qui se propagent jusqu'à nous. A l'époque de la recombinaison, leur énergie était très élevée mais elle a décru jusqu'à nos jours si bien que ces photons représentent aujourd'hui un rayonnement peu énergétique, d'un domaine situé entre les ondes radio et le rayonnement infrarouge, nommé « millimétrique » car les longueurs d'onde correspondantes sont de cet ordre de grandeur. Tout cela sera détaillé plus loin.

De la disparition des électrons libres résulte une autre conséquence importante. Avant la recombinaison, les électrons étaient totalement couplés aux photons comme nous venons de le voir. Mais les électrons étaient aussi couplés aux protons et aux noyaux d'hélium qui les attiraient de leurs charges électriques positives. Finalement, matière et rayonnement étaient donc totalement couplés : aucune partie du mélange ne pouvait évoluer – par exemple se condenser en objets denses – sans entraîner les autres. Ainsi la présence du rayonnement, largement dominant à cette époque comme nous l'avons vu, interdisait à la matière de former des condensations qui auraient pu permettre une naissance rapide d'étoiles ou de galaxies. Cet aspect a été mentionné dans les paragraphes sur la formation des galaxies.

3. *L'univers primordial*

L'époque que nous venons d'évoquer, avant la recombinaison, avant l'équilibre matière-rayonnement, se situe très loin dans le passé, il y a environ 15 milliards d'années. En terme d'âge de l'univers (exprimé dans le cadre du modèle standard), elle s'étend de zéro à un million d'années environ. Le zéro est en fait ici conventionnel. L'époque la plus lointaine que l'on se sente capable actuellement d'évoquer à l'aide des outils de la physique se situe dans cette échelle non au zéro mais un instant plus tard, à ce que l'on nomme le « temps de Planck [1] ».

Durant cette période, rayonnement et matière coexistaient mais le rayonnement était prépondérant. Toute la matière était ionisée, l'univers opaque, très chaud, très dense. Aucun objet que nous connaissons n'existait, tout le contenu de l'univers formant une sorte de bouillie homogène. Pourtant, au cours de cette époque primordiale à la physique inhabituelle, se sont produits bien des événements dont les conséquences se font encore sentir, à l'échelle de l'univers comme à celle de l'atome. Les premières structures – noyaux d'atomes, mais aussi les nucléons, constituants de ces noyaux – y furent formées. C'est également lors de cette période qu'ont dû prendre naissance au sein de cet univers extrêmement homogène les premières fluctuations qui par la suite devaient s'amplifier jusqu'à former des étoiles ou des galaxies.

En bref, bien que non structuré, méconnaissable et dans des conditions physiques extrêmes, l'univers d'alors contenait en germe les éléments de son histoire future, tout comme l'embryon dans ses premiers stades de développement contient en puissance tout ce qui caractérise le futur individu. La différence essentielle est que, dans le cas de l'embryon, des facteurs extérieurs dus à l'environnement influencent très probablement le développement alors que l'univers est par définition isolé, unique et sans environnement pour modifier son évolution : c'est donc en lui seul qu'il trouve les facteurs déterminant celle-ci.

Malheureusement rien n'est plus observable directement qui a trait à cette époque. L'instant de la recombinaison

1. Dans l'échelle de temps standard, le temps de Planck se situe à 10^{-43} seconde. Mais dans l'ère qui précède – l'ère de Planck – la physique est si mal connue que le temps lui-même, s'il existe, n'est pas défini. C'est donc une affaire de convention, et non de réalité physique que d'attribuer un âge à cette période. Par la suite, et jusqu'à maintenant, le temps (et l'âge) possède sa signification habituelle, même si les échelles d'évolution diffèrent totalement de celles d'aujourd'hui.

forme une barrière, une sorte d'horizon physique au-delà duquel tout nous est caché. La raison en est que toute information nous parvient nécessairement par le biais du rayonnement électromagnétique et que ce dernier ne peut se propager pendand l'ère précédant la recombinaison, à cause de son interaction avec la matière. L'instant le plus reculé dans le passé que nous pouvons espérer observer est donc celui de la recombinaison et c'est exactement ce que font les radioastronomes en examinant les caractéristiques du rayonnement diffus cosmologique. La connaissance de ce qui précède nécessite des extrapolations hardies et n'est possible que si nous possédons des théories physiques permettant de prédire le comportement de la matière et du rayonnement aux températures et densités extrêmes concernées. C'est donc l'état de ces théories (statistique, physique des particules et du rayonnement, gravitation) qui détermine jusqu'où dans le passé on peut raisonnablement imaginer ce qui s'est produit dans l'histoire de l'univers.

Mentionnons tout de même que nous devons nuancer ce qui a été dit plus haut : s'il est vrai qu'aucun photon nous atteignant ne peut provenir d'un instant antérieur à la recombinaison (instant du découplage entre ces photons et la matière), ce n'est pas forcément le cas pour d'autres types de particules. Ainsi des neutrinos pourraient avoir été produits bien antérieurement à cette période et nous parvenir sans avoir été perturbés. Le problème est que nous ne savons pas comment les détecter; si nous apprenions à le faire, nous pourrions extraire de l'information à partir de leur observation, tout comme nous le faisons de celle des photons, et créer ainsi une astronomie des neutrinos. Cette possibilité n'est pas irréalisable *a priori* dans quelques décennies et on peut donc espérer obtenir un jour des informations provenant d'au-delà de la barrière de la recombinaison. Cela peut être également possible avec d'autres types de particules encore non découvertes, ou avec le rayonnement gravitationnel.

En attendant une époque aussi féconde, les astrophysiciens ne sont pas restés inactifs et ont tout de même imaginé quel a pu être le déroulement de cette période si reculée.

Les possibilités sont variées mais le scénario le plus satisfaisant est celui que l'on nomme « modèle standard » ou « Big-Bang chaud » (auquel on peut adjoindre ce que l'on nomme le « scénario standard d'inflation ») que nous allons décrire. C'est en quelque sorte l'extrapolation la plus simple qui permette, sans heurter les lois de la physique, de comprendre ce qui a pu se passer. Bien des problèmes demeurent, que nous mentionnerons, mais personne n'a encore imaginé un modèle plus simple ou plus satisfaisant.

La propriété essentielle de cet univers primordial est d'être dense et chaud, à tel point que souvent, au lieu de repérer un événement par sa date (c'est-à-dire par le temps écoulé depuis le « début » de l'univers) on le repère par sa température. Celle-ci peut être elle-même exprimée en unités d'énergie, l'énergie moyenne que possède une particule au moment considéré.

4. *L'expansion*

La motivation première pour parler d'univers passé chaud et dense provient de l'observation actuelle de l'expansion des galaxies. Celle-ci est générale, confirmée par chaque nouvelle observation et constitue le fait cosmologique par excellence. La physique connue ne propose aucun mécanisme capable de mettre en branle un tel mouvement à une telle échelle et nous sommes conduits à admettre qu'il date du tout début de l'univers : on parle alors d'« explosion originelle » (ou « Big-Bang ») qui a donné son nom à la théorie. Lorsqu'on prend à rebours l'histoire de l'univers, tout se concentre évidemment jusqu'à des densités extrêmes, qui elles-mêmes entraînent des températures très élevées.

Du point de vue dynamique, nous connaissons déjà l'essentiel de l'histoire de l'univers primordial, décrite par les modèles cosmologiques présentés plus haut. Cette évolution dynamique est régie par la gravitation et, pour peu que l'on admette quelques hypothèses simples (homogénéité globale, isotropie, caractère « parfait » de la matière), elle est déterminée par la seule connaissance de la densité d'énergie et de la pression associée (donnée par l'équation d'état) sans que les caractéristiques précises du contenu de l'univers jouent le moindre rôle. Ainsi, à la matière est associée une pression nulle (en fait négligeable devant sa densité de masse lorsqu'on l'exprime avec les mêmes unités) alors qu'au rayonnement est associée une pression du même ordre que sa densité d'énergie.

Ces différences entraînent des comportements dynamiques distincts de l'univers dans les ères de la matière et du rayonnement. Connaissant la période de transition entre ces deux époques on peut retracer l'histoire de l'univers dans le cadre d'un modèle cosmologique et calculer l'âge de l'univers. Sa valeur exacte dépend de paramètres encore mal déterminés mais on est sûr qu'elle est de l'ordre de l'inverse du paramètre de Hubble, soit entre 10 et 20 milliards d'années. Cette valeur a le mérite d'être en excellent agrément avec les estimations indépendantes obtenues d'après les âges des étoiles les plus vieilles et d'après les abondances des éléments radioactifs à longue durée de vie, notamment l'uranium. Cet accord supplémentaire est une forte présomption en faveur du modèle du Big-Bang.

XI

Le rayonnement cosmologique

1. Un fossile de l'ère primordiale

La présence du rayonnement diffus cosmologique constitue une des bases les plus solides de notre confiance dans le scénario du Big-Bang, et dans l'existence d'une ère primordiale dans l'histoire de l'univers. Ce rayonnement est actuellement observé dans le domaine des ondes radio, de longueurs d'onde supérieures à quelques millimètres; il est enregistré de manière identique dans toutes les directions du ciel.

Bien qu'il ait été découvert, en 1965, sans avoir été particulièrement recherché, en quelque sorte par hasard, cela n'en fut pas moins une prouesse technique dont les auteurs, les ingénieurs Arno Penzias et Robert Wilson, furent récompensés par le prix Nobel de physique. L'existence de ce rayonnement avait d'ailleurs été prévue dès avant sa découverte par le physicien Gamow, dans le cadre des premiers modèles de Big-Bang qui se virent ainsi confirmés de manière éclatante. Nous verrons qu'il est difficile de lui imaginer une autre origine.

Avant de rentrer dans les détails il est bon d'insister

encore une fois sur l'importance de ce rayonnement qui nous permet un accès observationnel à l'époque la plus reculée possible dans l'histoire de l'univers. Rappelons qu'il constitue le reste refroidi d'une énorme bouffée de rayonnement qui était présente à l'époque de la recombinaison, totalement liée encore à la matière : il avait la même température, en épousait toute la régularité et les éventuelles irrégularités. L'ensemble du rayonnement, qui nous atteint de toutes les directions du ciel, révèle une immense surface brillante, à l'époque de la recombinaison. Cette surface peut être considérée comme une tranche de l'univers d'alors, prise sur le vif. Le rayonnement cosmologique en constitue un cliché instantané. Après avoir quitté cette surface, les photons n'ont plus jamais interagi avec quoi que ce soit jusqu'à être détectés (éventuellement) par nos radiotélescopes. D'où le nom parfois donné de « surface de dernière diffusion » : « diffusion » est pris au sens d'interaction entre matière et rayonnement. Rappelons qu'en effet c'est à partir de l'époque de la recombinaison que matière et rayonnement cessent d'interagir dans l'histoire de l'univers.

Les astrophysiciens sont alors extrêmement intéressés par l'observation de ce rayonnement puisqu'il renseigne sur l'état de la matière de l'univers à cette époque (notamment la présence d'éventuelles irrégularités de densité), mais aussi sur la matière lointaine, située entre la surface de dernière diffusion et nous, et qui, sans empêcher les photons de nous parvenir, a pu du moins modifier leurs caractéristiques.

2. Un rayonnement vraiment cosmologique ?

Il est permis de se demander pourquoi les astrophysiciens sont si convaincus de l'origine cosmologique de ce rayonnement, et s'il n'existe pas d'autre explication possible. Rappelons-nous déjà qu'il avait été prédit avant même d'avoir été observé, ce qui est toujours un fort argument en faveur de l'interprétation correspondante. Mais le plus important est qu'il présente bien les caractéristiques que l'on attend de lui.

En premier lieu, l'homogénéité de l'univers à l'époque de la recombinaison se traduit par une identité complète des propriétés du rayonnement diffus cosmologique, quelle que soit la direction du ciel dans laquelle on l'observe, c'est-à-dire une isotropie parfaite. Et c'est bien ce que l'on observe! En dehors d'un effet particulier, bien interprété comme causé par le mouvement de notre galaxie dans l'univers, il se révèle absolument isotrope, autant que l'on puisse le mesurer. Il est difficile d'imaginer un autre processus, se produisant dans tout l'univers à la fois, pour donner une telle propriété. A vrai dire, le degré d'isotropie observé est même supérieur à ce que l'on pourrait attendre; cela ne fait que renforcer l'hypothèse d'une origine cosmologique mais pose d'autres problèmes quant aux théories de formation des galaxies, comme nous le verrons un peu plus loin.

On attend de ce rayonnement, s'il est bien cosmologique, d'autres propriétés, relatives à son spectre. (Rappelons que le spectre exprime la répartition de l'énergie du rayonnement entre les différents domaines de longueurs d'onde : voir chapitre I.) La théorie, rappelons-le, prévoit qu'à l'époque de la recombinaison, matière et rayonnement étaient étroitement liés : ils étaient en équilibre mutuel, et en particulier en équilibre thermique. Cela entraîne pour le rayonnement d'une part que son spectre doit être d'allure thermique, d'autre part que la longueur d'onde principale d'émission correspond à la température en question [1].

Plusieurs observations d'intensité ont été effectuées par

1. Quel que soit le processus d'émission, un rayonnement n'est jamais émis à une longueur d'onde unique. Ainsi le spectre solaire couvre-t-il tout le domaine du visible, comprenant toutes les couleurs de l'arc-en-ciel (et pratiquement tous les autres domaines spectraux d'ailleurs). Dans le cas du Soleil, la connaissance des mécanismes d'émission permet de prédire exactement les intensités relatives du rayonnement dans les différents domaines du spectre :

différents groupes d'astronomes à des longueurs d'onde supérieures au millimètre. Pratiquement toutes sont en accord avec un spectre thermique autour de la longueur d'onde de 1,4 millimètre, correspondant à la température de 2,75 kelvins. La nature thermique du spectre est donc bien confirmée; un argument de plus en faveur de l'origine cosmologique. Reste à noter que, si ce rayonnement a été émis, comme nous l'avons dit, à une température voisine de 10 000 kelvins – celle de l'univers à l'époque de la recombinaison – il n'est pas observé aujourd'hui à la longueur d'onde correspondante (qui le situerait dans le domaine ultraviolet). Il a subi depuis un décalage en longueur d'onde – dû à l'expansion de l'univers (comme le décalage vers le rouge des galaxies) – d'un facteur supérieur à 1 000 qui l'a repoussé du domaine ultraviolet vers le domaine millimétrique [1].

3. Un spectre révélateur

Nous avons mentionné l'importance qu'il y a à vérifier le caractère thermique du spectre, signe d'une origine véritablement cosmologique. Mais cette vérification n'est pas chose facile. La détection elle-même du rayonnement, à une

---

combien de rouge par rapport au violet ou au vert. La connaissance précise de cette répartition, c'est le spectre. Dans le cas d'un rayonnement thermique, c'est-à-dire émis par de la matière avec laquelle il est en équilibre (que l'on nomme en général paradoxalement, « corps noir »), le spectre possède une allure bien précise. C'est ainsi que la répartition en longueurs d'onde, et plus particulièrement la couleur, permet de connaître la température d'un corps incandescent. L'émission est maximale à une longueur d'onde bien définie, inversement proportionnelle à la température; de plus, la répartition du rayonnement autour de cette longueur d'onde obéit à une loi bien précise : le spectre thermique. On s'attend donc, pour le rayonnement diffus cosmologique, à observer un spectre thermique autour d'une longueur d'onde bien déterminée.

1. Il est tout à fait remarquable, et c'est une propriété de l'expansion de l'univers – sa nature « adiabatique » –, que la forme thermique du spectre soit conservée. Puisque la répartition en longueurs d'onde (le spectre) est décalée, on aurait pu s'attendre *a priori* à ce que l'allure particulière du spectre soit détruite, alors qu'il n'en est rien.

longueur d'onde définie, relève de la prouesse technique tant le signal est faible, et noyé au milieu d'autres contributions parasites. Dès que l'on s'approche des longueurs d'onde millimétriques, il devient impératif de s'affranchir de l'atmosphère : c'est le domaine des observations en ballon, ou, dans l'avenir, en satellite. Mais même ainsi, c'est encore délicat. Il n'est pas question, par exemple, d'enregistrer un spectre comme on le fait en photographiant un arc-en-ciel, comme les astronomes le font couramment pour les étoiles brillantes. Il faut observer séparément (et avec difficulté), à plusieurs longueurs d'onde différentes, et comparer les résultats les uns aux autres (ce qui exige une référence absolue, un point de comparaison commun; là n'est pas la moindre difficulté). Pour des raisons de relative facilité observationnelle, la plupart des mesures ont jusqu'ici été effectuées dans la partie du spectre thermique qui se rapproche des ondes radio. Elles sont en très bon accord avec les prévisions théoriques. Pour pouvoir vraiment trancher, néanmoins, il faut observer autour de la longueur d'onde du millimètre; c'est plus difficile et les résultats sont moins nombreux, moins précis. De futures observations par satellites (dans le domaine millimétrique) permettront sans doute de confirmer l'allure thermique du spectre à ces longueurs d'onde égalcment.

Pourquoi tant d'efforts afin de confirmer cette nature thermique? C'est qu'il existe des propositions concurrentes à celle de l'origine cosmologique qui peut être qualifiée de modèle standard. Ce rayonnement pourrait par exemple avoir une origine plus tardive que la recombinaison, due à un phénomène énergétique : l'apparition de premières générations d'étoiles, ou de quasars. Néanmoins dans un tel cas on ne s'attendrait pas à observer un spectre parfaitement thermique ni, d'autre part, une forte isotropie. Ces propositions sont donc difficiles à retenir, en grande partie d'ailleurs à cause de l'isotropie observée.

4. *L'homogénéité inconcevable*

L'homogénéité de l'univers est posée comme préliminaire au débat cosmologique, quitte à être abandonnée par la suite si les observations le requièrent. Ainsi, le caractère cosmologique du rayonnement du fond diffus est-il dans l'esprit des astrophysiciens profondément rattaché à son isotropie (qui ne fait que traduire l'homogénéité de l'univers à l'époque de la recombinaison). Mais reste à voir jusqu'où va cette isotropie. A notre époque, l'univers semble bien homogène à très grande échelle mais montre des condensations – étoiles, galaxies, amas de galaxies – aux échelles petites et intermédiaires : qu'en était-il à l'époque de la recombinaison ? On voit apparaître le double intérêt de l'examen de l'isotropie du corps noir : vérifier d'une part sa nature cosmologique, mais aussi tester les inhomogénéités éventuelles présentes dans l'univers de la recombinaison, aux petites échelles.

Les astronomes testent donc, avec les moyens dont ils disposent, cette isotropie, dans l'espoir de déceler d'éventuelles inhomogénéités. Pour ce faire ils pointent le même télescope successivement dans deux régions voisines du ciel et enregistrent la différence entre les deux signaux. Deux qualités principales sont nécessaires : une bonne sensibilité pour être capable de détecter des différences très faibles ; également un bon pouvoir de résolution et une bonne précision de pointage pour bien délimiter et discriminer les zones testées. Ces qualités sont malheureusement difficiles à atteindre, surtout simultanément. Pourtant, de nombreuses mesures ont eu lieu, n'ayant jamais conduit à détecter une inhomogénéité : on est donc dès à présent certain du caractère très homogène de ce rayonnement, du moins aux échelles moyennes [1], avec une précision meilleure que le dix-millième !

1. Une variation de ce rayonnement a néanmoins été décelée, d'un caractère

Cette extrême homogénéité, si dans un sens elle réconforte les cosmologistes qui voient leur modèle standard fortement soutenu, n'est pas sans poser quelques problèmes. Le premier, de nature peut-être plus métaphysique que physique, concerne l'origine de cette homogénéité. Le second, plus concret, résulte des contraintes qu'apporte cette homogénéité sur les modèles de formation des galaxies.

Le problème de l'homogénéité

L'isotropie du rayonnement diffus cosmologique s'interprétant comme l'homogénéité de l'univers à l'époque de la recombinaison, elle signifie que toutes les parties de l'univers étaient alors identiques. Par exemple deux régions éloignées alors de 3 millions de parsecs. Comment expliquer alors que deux régions si éloignées puissent se trouver exactement dans les mêmes conditions physiques (comme le montrent les observations)? Si nous supposons qu'un même processus physique, quel qu'il soit, a causé cette identité de propriétés, il faut admettre que ce processus a dû, d'une manière ou d'une autre, se propager de l'une des régions jusqu'à l'autre (ou bien d'une troisième jusqu'à ces deux régions). Pour cela, il lui a fallu un certain temps, au minimum celui que met la lumière pour effectuer le trajet puisque rien ne va plus vite que la lumière. Pour nos deux régions séparées de 3 millions de parsecs, il aurait ainsi fallu environ 10 millions d'années. Mais l'univers n'était âgé, à ce moment (celui de la recombinaison), que d'un million d'années, un tel processus est donc exclu. Autrement dit, aucun événement ne peut s'être produit, qui aurait engendré des conséquences communes dans deux régions distantes de plus de un million d'années-lumière, soit 300 000 parsecs à la recombinaison, bien que nous obser-

tout à fait particulier, et qui s'explique par le mouvement de notre galaxie dans l'espace. Cela ne remet pas en cause les conclusions présentées ici. Nous discuterons cet effet au paragraphe suivant.

vions une identité complète de ces régions, causalement disconnectées. Comment peuvent-elles alors se révéler si exactement semblables ? C'est le problème de l'homogénéité.

Ce problème a été abondamment débattu ces dernières années, car une possibilité de solution est apparue. Les progrès récents en physique des particules laissent entrevoir que l'univers, bien avant la recombinaison, aurait pu passer par une phase dynamique particulière, dite « ère d'inflation » (que nous décrirons en détail à la fin de cette partie). Pendant une telle période, très courte en durée (une infime fraction de seconde), l'expansion de l'univers aurait pu passer par une phase extrêmement rapide qui aurait multiplié par un facteur énorme toutes les distances de l'univers. En conséquence deux régions de l'univers, même très éloignées à l'époque de la recombinaison, ne le seraient que grâce à ce supplément d'éloignement qu'elles auraient gagné pendant l'ère d'inflation. Avant cette dernière elles auraient en fait été extrêmement voisines si bien qu'elles auraient pu subir les conséquences communes d'un même processus : elles seraient causalement liées. Tout paradoxe disparaîtrait alors.

Nous décrirons à la fin de cette partie les propriétés de cette ère d'inflation un peu plus en détail. Il importe néanmoins de situer à leur juste place le problème de l'homogénéité et sa réponse. A l'époque où fut introduite l'idée d'inflation dans l'univers, le problème de l'homogénéité était présenté comme un des arguments en faveur de ce modèle puisque c'était le seul cadre où il trouvait une solution. Aujourd'hui, physiciens des particules et astrophysiciens se sont aperçus qu'un modèle cohérent d'inflation était difficile à mettre sur pied. Un des seuls arguments en sa faveur restant justement la réponse qu'il apporte au problème de l'homogénéité, il convient d'examiner si cette motivation n'est pas un peu mince et si ce problème est un vrai problème.

Nous ne voulons pas discuter ici cette question mais seulement rappeler que le problème n'est pas de nature physique : il n'y a là aucune contradiction avec aucune loi de la physique; on peut supposer par exemple que toutes les parties de l'univers ont été de tout temps (dès la création) identiques. Il faudrait invoquer une sorte de coïncidence mais il n'y a là aucun paradoxe. Voir ici un problème n'est donc qu'une question d'appréciation; le débat est de nature philosophique et des débats de cette nature concernant la cosmologie, il y en a bien d'autres, sans doute même de nature plus fondamentale. Nous reconnaîtrons néanmoins aisément qu'il serait satisfaisant pour le physicien, qui cherche toujours à expliquer, de trouver une cause à cette propriété de l'univers.

5. Où sont les inhomogénéités?

Malgré ce que nous venons de dire, il existe malgré tout une anisotropie bien particulière dans le rayonnement diffus cosmologique. Néanmoins, elle est aujourd'hui parfaitement comprise (c'est du moins l'opinion des cosmologistes) et elle ne modifie en rien les conclusions précédentes puisque c'est un effet, non pas dû aux propriétés du rayonnement lui-même mais à celles de ceux qui l'observent, c'est-à-dire les astronomes ou les radioastronomes, en fait leur vitesse de déplacement (celle de la Terre) par rapport au reste de l'univers.

En effet, mesuré dans deux directions distinctes du ciel, le rayonnement ne possède pas tout à fait la même température. Lorsque l'on trace une carte précise de cette température en fonction de l'angle de visée sur le ciel, on s'aperçoit qu'elle est loin d'être arbitraire mais qu'elle obéit à une loi bien précise et bien connue, dite « loi dipolaire »; un maximum de température dans une direction, un minimum dans la direction exactement opposée, et une variation progressive et régulière entre les deux. L'homogénéité exceptionnelle dont nous parlions plus haut se manifeste une fois cette variation bien particulière soustraite. Le fait que cette variation obéisse si bien à cette loi dipolaire trahit son origine : elle est due au mouvement de la Terre par rapport à la source du rayonnement diffus. Le phénomène n'est pas sans rapport avec les décalages en longueurs d'onde (décalages vers le rouge) observés dans la lumière des galaxies. Comme lui il peut être interprété en termes d'effet Doppler; comme lui il est dû au mouvement relatif de la source de rayonnement et de l'observateur. Si la Terre se déplace dans une certaine direction par rapport à la source de rayonnement, celui-ci paraîtra légèrement décalé vers le bleu dans cette direction; dans la direction opposée, la Terre s'éloigne au contraire de la source (qui, rappelons-le, nous entoure de tous côtés); le rayonnement est alors décalé vers le rouge. Dans les directions intermédiaires, la variation de la température doit suivre une loi dipolaire; comme c'est ce que l'on observe, l'interprétation est immédiate.

Ainsi, l'observation de cette composante dipolaire dans l'anisotropie du rayonnement non seulement nous prouve que la terre se déplace dans l'univers mais elle nous indique même la direction de ce déplacement. Bien plus, la mesure des différences de température entre maximum et minimum (dans les deux directions opposées) nous permet même d'établir sa vitesse de déplacement.

On connaît par ailleurs plusieurs composantes du mouvement de la Terre : elle tourne autour du Soleil; le Soleil tourne autour du centre de notre galaxie en l'entraînant; notre galaxie elle-même n'est pas immobile par rapport à l'ensemble des galaxies proches (il ne s'agit pas ici du mouvement dû à l'expansion qui, étant homogène et isotrope, donne pour notre galaxie une vitesse nulle par rapport à celles qui l'entourent; cette vitesse est due en partie à l'attraction gravitationnelle de l'amas de galaxies de Virgo). Mais la somme de toutes ces composantes ne donne pas la vitesse observée par rapport au corps noir : l'ensemble des galaxies qui nous entourent doit donc se déplacer par rapport à ce repère. Or ce dernier, s'il n'est pas en repos absolu, est ce que l'on peut concevoir qui s'en rapproche le plus. La question de l'existence ou non d'un repère absolu semble encore dépasser le cadre des théories physiques. Si un tel repère existe il est probable néanmoins qu'il coïncide avec celui du fond diffus cosmologique, qui est la trace d'un état de repos de la matière à l'époque fondamentale de la recombinaison.

Ce qu'implique donc cette observation de la variation dipolaire du rayonnement diffus cosmologique, c'est que notre galaxie et celles qui l'entourent sont en mouvement par rapport au reste de l'univers.

Des contraintes pour la formation des galaxies

En dehors de son intérêt propre, ce rayonnement a une grande utilité en astrophysique, par le biais des contraintes qu'il apporte sur les théories de formation des galaxies et des grandes structures de l'univers. Tous les modèles prévoient en effet que ces structures sont issues du développement, accéléré par la gravitation, de fluctuations déjà présentes avant la recombinaison. Il s'agit essentiellement de fluctuations de matière mais rappelons-nous qu'à cette époque tout est lié : elles auraient donc dû laisser une empreinte ineffaçable sur le rayonnement. Cette empreinte n'étant pas vue (le corps noir n'a pas d'inhomogénéités), l'amplitude relative des fluctuations présentes à l'époque de la recombinaison ne devait pas dépasser 1/10 000, ce qui est bien peu, et apporte de fortes contraintes aux théories possibles. Un autre type de contraintes provient de la vitesse de notre galaxie déduite de la composante dipolaire du corps noir; en effet, si l'on pense, comme il est naturel, qu'elle est due à l'attraction gravitationnelle d'une perturbation à plus grande échelle, cela donne une limite inférieure, cette fois-ci, à l'amplitude d'une telle fluctuation. On est donc pris entre deux feux : le même mécanisme, probablement, doit donner des fluctuations fortes à grande échelle (bien supérieures à celles des amas de galaxies) et faibles à plus petite échelle; mais celles-ci doivent néanmoins grandir suffisamment pour donner plus tard les galaxies. La solution définitive n'est pas encore trouvée (voir chapitre sur la formation des galaxies).

6. *Un effet opportun*

Par ailleurs, les astronomes commencent à exploiter ce rayonnement d'une nouvelle manière. Il constitue une source lumineuse lointaine devant laquelle se profilent comme en ombres chinoises les objets qui, depuis, sont apparus dans l'univers. C'est ainsi qu'un quasar, ou un amas de galaxies, même s'il est trop peu lumineux pour être observé, peut modifier les caractéristiques du rayonnement qui, en se propageant depuis la surface de dernière diffusion jusqu'à nous, le trouve sur son chemin. Cette interaction se produit de différentes manières. Elle peut être gravitationnelle, auquel cas l'objet en question, comme le ferait une lentille optique, modifie localement intensité et température du rayonnement. (Nous avons déjà mentionné des effets similaires.) Elle peut également être électromagnétique : si le milieu traversé est suffisamment chaud, il y a de nouveau une interaction entre matière et rayonnement et il en résulte une modification du spectre de ce dernier. Cet effet se produit lors de la traversée du gaz des amas de galaxies par les photons du corps noir et porte le nom d'« effet Sunyaev-Zeldovich », en référence aux deux physiciens soviétiques qui l'ont prévu les premiers. Il a déjà pu être mis en évidence devant quelques amas. Si l'astronome sait déchiffrer cet effet, il en retire une intéressante information sur l'objet traversé, notamment sur les caractéristiques du milieu gazeux.

Ainsi, pour les amas de galaxies, on espère, en améliorant la précision des mesures et en les combinant avec des résultats d'observation en rayons X, déterminer les caractéristiques du gaz chaud qu'ils contiennent : densité, température et dimensions. Cette dernière estimation, outre le progrès qu'elle représente dans la connaissance de ces amas, suscite l'espoir de les utiliser comme étalons standard de la cosmologie. En effet la comparaison entre leur diamètre apparent, directement mesurable, et le diamètre réel déduit de ces observations permet de connaître leur distance-diamètre (voir paragraphe sur la détermination des distances) et de calibrer ainsi l'échelle des distances cosmologiques indépendamment des indicateurs primaires de distance, sources d'incertitudes.

XII

La nucléosynthèse et le Big-Bang

1. Les abondances des éléments chimiques

Nous avons vu deux fortes raisons de croire au modèle du Big-Bang chaud : l'expansion de l'univers et la présence du rayonnement diffus cosmologique. Reste une troisième, très importante historiquement, issue des observations des abondances des éléments chimiques dans l'univers.

A l'échelle microscopique, toute la matière actuellement visible dans l'univers est formée de protons et de neutrons (les nucléons) et d'électrons. A peu près partout (sauf dans les étoiles à neutrons et les hypothétiques trous noirs), les nucléons sont combinés en noyaux atomiques, qui deviennent des atomes si les électrons s'y rattachent. Toute la diversité des éléments chimiques présents dans l'univers provient des différentes combinaisons de ces nucléons dans les noyaux. Ainsi, le noyau d'hydrogène, le plus simple, n'est fait que d'un seul proton; si un neutron vient s'y rattacher, cela donne de l'hydrogène lourd ou deutérium. Si deux protons et deux neutrons se combinent, cela donne un noyau d'hélium 4, le « 4 » indiquant qu'il y a en tout quatre nucléons. En combinant tous ces nucléons de toutes les manières possibles on aboutit aux éléments de la classification chimique : carbone, azote, oxygène, gaz rares, métaux, etc., qui correspondent à des configurations stables de ces nucléons. Il y en a actuellement plus de 92 (le 92ᵉ est l'uranium). Que ce soit sur Terre, dans la mer ou dans l'air, à l'intérieur des cellules vivantes ou dans les étoiles, la matière est toujours composée de ces noyaux élémentaires. Les astronomes ont toujours désiré savoir quels types d'atomes étaient présents à chaque endroit de l'univers. Cela paraissait utopique jusqu'au développement de la spectroscopie. Chacun de ces noyaux émet des raies spectrales, c'est-à-dire des pointes de rayonnement très localisées en fréquence (voir première partie). Il suffit alors de reconnaître ces fréquences pour savoir à quel élément chimique on a affaire, et souvent même pour en déduire son abondance et ses caractéristiques physiques.

Le résultat est quelque peu surprenant. Tout d'abord, en moyenne, les abondances des éléments se révèlent, partout dans l'univers, les mêmes que dans le système solaire : 90 % d'hydrogène, un peu moins de 10 % d'hélium et les autres éléments dans des proportions peu variables. Signalons la présence, quasi universelle, d'un atome de deutérium pour 100 000 d'hydrogène. Cette universalité déjà nécessite une explication.

Si l'on regarde d'un peu plus près, on remarque cependant quelques variations : les éléments les plus lourds, c'est-à-dire comportant le plus de nucléons dans leurs noyaux, se répartissent différemment d'une zone à l'autre de l'univers, et même souvent d'une étoile à l'autre. C'est par exemple le cas du carbone, de l'azote, de l'oxygène, ou des métaux tels que le fer. En revanche, ce n'est pas le cas de l'hélium et du deutérium, dont les abondances restent partout les mêmes. Il semble donc que l'on doive invoquer un processus universel pour leur formation.

C'est le physicien Bethe qui le premier a proposé l'explication aujourd'hui acceptée pour la formation des éléments les plus lourds : les réactions nucléaires qui se produisent au sein des étoiles transforment lentement l'hydrogène en hélium, puis cet hélium en éléments plus lourds (carbone, azote, oxygène), puis ces éléments à leur tour en d'autres plus lourds encore. Les conditions élevées en température et en densités, celles précisément que l'on cherche à réaliser pour obtenir la fusion thermonucléaire contrôlée, permettent aux réactions nucléaires de se produire. Celles-ci, en combinaison avec les mouvements de la matière et ses échanges avec le rayonnement de l'étoile, sont à la base des modèles stellaires qui décrivent les étapes de la vie des étoiles. On explique ainsi très bien comment les étoiles des différents types connus sont capables de fabriquer les éléments lourds observés, dans les bonnes proportions, à partir d'un mélange initial formé d'hydrogène et d'hélium uniquement.

Mais cette nucléosynthèse stellaire n'explique pas tout. En premier lieu, elle ne saurait être efficace que si de l'hydrogène et de l'hélium sont déjà présents au départ. Pas de problème pour l'hydrogène car les protons (c'est-à-dire les noyaux d'hydrogène) remplissent l'univers en abondance. Mais reste à expliquer la présence de l'hélium, avant même que les premières étoiles se soient formées. De toute façon, l'hélium fabriqué dans les étoiles ne pourrait pas rendre compte de l'abondance observée : si tôt qu'il a été créé, il est à son tour « brûlé » en éléments plus lourds et le seul moyen d'éviter sa disparition serait d'imaginer que l'étoile explose avant que cette combustion ne soit effectuée. Ce n'est certainement pas le cas de la majorité des étoiles que nous observons [1].

Un problème encore plus crucial se pose avec le deutérium. Non seulement il ne peut être produit par les étoiles

1. Il aurait pu cependant exister, il y a plusieurs milliards d'années, une première génération d'étoiles très massives, susceptibles d'exploser avant de brûler leur hélium. Cette hypothèse paraît néanmoins peu probable et nous devons chercher une origine non stellaire pour cet élément.

mais il y est *même* détruit. En effet l'énergie de liaison entre le proton et le neutron du noyau est si faible qu'une température trop élevée suffit à le dissocier.

Il fallait donc découvrir le processus capable de synthétiser ces éléments en quantités suffisantes, et du même coup si possible, un troisième – le lithium – pour lequel se posent des problèmes similaires.

2. La fabrication des éléments légers

Le seul moyen de résoudre simultanément ces questions est d'imaginer une phase de nucléosynthèse au cours du Big-Bang chaud, et c'est d'ailleurs dans cette intention que fut tout d'abord introduite la théorie. Sa première version proposait que tous les éléments chimiques, y compris les plus lourds, soient produits au cours d'une telle phase mais on s'est aperçu plus tard que l'univers ne restait pas dense et chaud assez longtemps pour le permettre; en outre, il devenait difficile d'expliquer alors les irrégularités observées dans les répartitions des éléments les plus lourds. En revanche la théorie marche à la perfection pour l'hélium et le deutérium comme nous allons le voir. En ce qui concerne ce dernier élément, l'énigme était particulièrement critique puisque sa production exige des températures élevées et que ces mêmes températures le détruisent. Il faut donc imaginer un processus qui, après avoir atteint une température élevée, produise un refroidissement rapide pour qu'il puisse se conserver. Ce processus est la caractéristique même du Big-Bang. Nous allons voir pourquoi celui-ci rend compte de la production de ces deux éléments et non de celle des éléments lourds.

La première remarque est que, pour fabriquer l'hélium, il faut d'abord faire le deutérium. Celui-ci étant difficile à produire à cause de sa fragilité, sa fabrication constitue un goulot d'étranglement qui bloque le reste des opérations. Une fois qu'il est produit, il est presque intégralement transformé en hélium, deux noyaux se combinant pour donner un noyau d'hélium.

Un noyau de deutérium se forme par assemblage d'un proton et d'un neutron. La première nécessité est la présence de neutrons en nombre suffisant. Il faut également que le rayonnement, dominant à l'époque dans l'univers, ne détruise pas les noyaux aussitôt formés. Cela impose que l'énergie moyenne des photons soit inférieure à l'énergie de liaison du noyau (environ 2 millions d'eV), c'est-à-dire une température plus basse que 10 milliards de degrés.

Dès que la température de l'univers, initialement plus élevée, a décru jusqu'à cette valeur, la formation du deutérium peut avoir lieu et son taux est déterminé par la proportion de neutrons alors présents. Le résultat de la nucléosynthèse primordiale dépend donc finalement du rapport n/p entre neutrons et protons présents au moment où elle démarre, à une température voisine de 10 milliards de degrés, soit trois minutes seulement après le début de l'univers.

Comment connaître ce rapport n/p? Plusieurs réactions permettent, par interaction avec d'autres particules (telles que électrons, positrons, neutrinos), de transformer une espèce en l'autre. Si ces réactions sont équilibrées, la valeur de n/p est donnée par les lois de la mécanique statistique et s'avère tout à fait insuffisante pour fabriquer des quantités importantes de deutérium à la température requise. Mais dans le cadre de la théorie du Big-Bang, et c'est là son originalité profonde, ces réactions sont déséquilibrées à cause de l'expansion de l'univers; en effet, cette expansion dilue tellement les particules annexes qu'elles ne sont plus en nombre suffisant pour jouer leur rôle, si bien que la valeur de n/p est augmentée d'un facteur f qui dépend de la vitesse de l'expansion à cette période.

Ce facteur f qui décrit l'efficacité de la nucléosynthèse dépend donc des paramètres du modèle cosmologique considéré. Il est en fin de compte relié à la densité actuelle de matière nucléonique. Ainsi, la valeur moyenne observée pour celle-ci, soit autour de 10^{-31} gramme par centimètre cube, prédit une abondance d'hélium de 27 % en masse, en bon accord avec les observations. L'accord est également valable pour le deutérium. Ce double résultat constitue donc un argument de poids en faveur de la théorie du Big-Bang.

Mais les astrophysiciens ne se privent pas de retourner l'argument. Puisqu'ils croient aujourd'hui au modèle du Big-Bang, ils admettent que c'est bien la nucléosynthèse primordiale qui a créé hélium et deutérium. Par le biais du raisonnement précédent, ils sont donc capables, à partir des abondances observées de ces deux éléments chimiques, d'établir des contraintes sur la valeur de la densité de baryons dans l'univers.

En conséquence, si dans l'univers existe une grande quantité de masse non encore détectée [1], ce raisonnement nous assure qu'elle ne peut se présenter sous forme baryonique au-delà d'une certaine quantité, de l'ordre de 20 % de la valeur critique. Heureusement, les récentes théories de la physique des particules ont apporté une solution alternative : la possible existence de particules massives et non baryoniques.

Recombinaison et nucléosynthèse raffermissent donc notre confiance dans le modèle du Big-Bang chaud. Il est alors intéressant d'examiner toutes ses implications, de suivre le déroulement de l'histoire de l'univers, telle qu'elle est prédite dans ce cadre. On peut y dégager deux grandes tendances. D'une part une longue expansion, accompagnée d'un refroidissement général à partir de températures extrêmement élevées : comme après une gigantesque explosion, mais dont le centre serait partout à la fois, l'univers se dilate, entraînant tout ce qu'il contient, si bien que densités et

1. Rappelons que les astrophysiciens possèdent plusieurs raisons de penser qu'il existe plus de matière dans l'univers que ce qu'ils ont détecté jusqu'à présent : principalement l'analyse dynamique des galaxies ou des amas de galaxies, et la formation de ces structures.

températures ne peuvent que décroître. D'autre part, des structures se forment progressivement : d'un mélange au départ homogène, se dégagent d'abord les particules élémentaires que nous connaissons, premières structures fondamentales à voir le jour; puis les noyaux d'atomes, les atomes eux-mêmes, les molécules, enfin les objets astronomiques.

Ainsi, l'univers primordial était constitué d'un bain homogène de matière ultrachaude, d'énergie si élevée qu'aucune particule connue n'y existait de manière stable : des réactions incessantes annihilaient immédiatement toute particule effectuant une apparition fugace, ou bien la transformaient en un autre type également fluctuant.

Mais cette situation évolue, à cause de l'expansion et du refroidissement. Chaque type de particule, en fonction de sa masse et de ses autres caractéristiques, subit ainsi une évolution propre, dont l'étape principale est l'établissement, à un moment donné, d'une abondance, relative au reste de la matière universelle, qui ne sera plus modifiée par la suite.

3. Les abondances des particules élémentaires se fixent pour toujours

Dans l'univers primordial, aucune particule n'existe de manière stable : il y a pour cela une densité trop forte, une énergie disponible trop importante, une vitesse d'évolution trop grande.

En particulier, dans de telles conditions, toute particule présente risque de rencontrer son antiparticule et de s'annihiler avec elle, pour disparaître et se transformer en rayonnement.

Inversement le rayonnement, très énergétique, pouvait spontanément faire apparaître des particules (des protons par exemple) et leurs antiparticules (des antiprotons).

On conçoit alors que les abondances des protons, neutrons, électrons, et autres particules présentes aient pu fluctuer.

Mais cet équilibre avec le rayonnement ne pouvait durer éternellement. A cause du refroidissement, les photons énergétiques sont finalement devenus trop rares pour créer des paires : particule plus antiparticule. Toutes les réactions devinrent sporadiques et l'équilibre fut rompu. Les particules continuèrent à s'annihiler avec leurs antiparticules mais ne furent plus remplacées. Leur abondance chuta donc brutalement et prit une valeur définitive. Cette brusque disparition se produisit alors que la température de l'univers représentait pour chaque photon une énergie égale à la masse de la particule en question.

Ainsi la masse de l'électron est de 1/2 million de eV. A cette température (soit, si l'on préfère, 5 milliards de degrés kelvins), leur abondance a donc décru brutalement et s'est ajustée à celle des protons, auxquels le même tour était arrivé auparavant. Ceci s'est produit quelques secondes après le Big-Bang.

Tout s'est passé encore plus tôt pour ces nucléons (protons ou neutrons), lorsque la température valait des milliards de eV, soit une microseconde seulement après le Big-Bang. Leur abondance s'est alors fixée à une valeur dix milliards de fois moindre que celle des photons, que rien ne devait plus modifier par la suite, et que l'on observe actuellement dans l'univers.

Un problème avec l'antimatière

Ce n'est pourtant pas tout à fait ce que l'on aurait pu prévoir *a priori :* Avant que les nucléons ne cessent d'être en équilibre, tout porte à croire qu'ils étaient d'une part en nombre égal avec leurs antiparticules, d'autre part dans des abondances voisines de celles des photons. L'égalité entre abondances de particules et antiparticules semble naturelle car on n'imagine pas de processus capable de favoriser les unes par rapport aux autres [1]. Mais s'il en avait été ainsi, on se serait attendu à observer par la suite très peu de nucléons, un milliard de fois moins que ce que l'on détecte; mais en revanche beaucoup plus d'antinucléons.

Le problème est donc grave : ou bien il y a quelque part dans l'univers beaucoup d'antimatière et celui-ci serait alors en quelque sorte symétrique de ce point de vue (mais les observations semblent exclure cette possibilité), ou bien un déséquilibre était déjà présent, aux tout premiers instants de l'univers, mais on ne voit pas d'où il pourrait provenir. Ce grave problème de l'antimatière n'a vu que récemment se présenter une possibilité de solution grâce aux nouvelles théories, dites de « grande unification ». Ces théories prédisent un effet nouveau pour les physiciens : la non-conservation du nombre baryonique. Autrement dit, un processus relevant de ces théories ne crée pas nécessairement matière et antimatière dans des abondances égales. Ainsi, dans les conditions particulières (hors d'équilibre!) de l'univers primordial, aurait pu s'établir la prééminence de la matière sur l'antimatière.

Cet effet aurait pour conséquence l'instabilité du proton. Cette particule devrait en effet se désintégrer, comme le font par exemple les neutrons. Seule sa très longue durée de vie (plusieurs milliards d'années à comparer à quelques minutes pour le neutron) nous aurait empêchés d'observer cet effet, que cherchent aujourd'hui à mesurer les physiciens des particules.

4. *Neutrons et protons trois minutes après le Big-Bang*

La rupture de l'équilibre des réactions d'annihilation explique ainsi comment les abondances de nucléons d'une

1. Les théories de grande unification (voir chapitres XIII et XIV) permettent en fait une telle dissymétrie, une violation de la symétrie matière-antimatière. Là réside sans doute la solution du problème que nous mentionnons.

part (neutrons plus protons) et d'électrons d'autre part acquièrent leurs valeurs définitives. Mais elle ne peut rendre compte de l'abondance relative des protons par rapport aux neutrons, ou de celle des neutrinos. En effet, dans ces deux cas, d'autres réactions interviennent dans la détermination des abondances.

Ainsi le neutron, par échange d'électrons ou de neutrinos, peut se transformer en proton ou, inversement, être créé à partir d'un proton. Ces réactions sont équilibrées tant qu'il y a suffisamment de particules intermédiaires, mais lorsque celles-ci se raréfient – et c'est une conséquence inévitable de l'expansion de l'univers – l'équilibre est détruit et les abondances d'une espèce par rapport à l'autre, ici protons et neutrons, deviennent fixées à jamais. Nous avons vu à propos de la neucléosynthèse primordiale les conséquences de cet état de choses.

En ce qui concerne les neutrinos, la situation est similaire. Cette particule interagit très peu avec les autres et c'est pourquoi on en parle peu dans la vie courante : elle n'entre pas dans la composition des noyaux ou des atomes, et ne participe pas non plus aux interactions électromagnétiques, responsables de la plupart des phénomènes que nous observons. Pourtant, il n'en était pas ainsi dans l'univers primordial : à cause de la forte densité, des neutrinos pouvaient être créés ou détruits à partir d'autres particules. Ce n'est que lorsque l'univers fut âgé de cent microsecondes que ces réactions devinrent rares et que l'abondance de neutrinos se fixa une fois pour toutes à une valeur peu différente de celle des photons.

Ainsi l'univers primordial est-il jalonné de transitions où des espèces successives de particules se séparent des autres, en acquérant une abondance bien définie.

5. *Apparition des structures*

Parallèlement à ces événements apparaissent au cours de l'histoire de l'univers des structures dont la cohésion est assurée par différents types d'interactions.

Dans les premiers instants de l'histoire de l'univers, les nucléons eux-mêmes n'existaient pas encore. En effet, les physiciens des particules savent aujourd'hui que ces particules ne sont pas élémentaires mais constituées de composants plus fondamentaux, les quarks [1]. Durant cette période où la température était extrême, l'univers était rempli d'une « soupe » de quarks en interaction, si énergétiques (à cause de la température élevée) qu'ils ne pouvaient rester figés dans des structures telles que celles des nucléons. Autrement dit, ces derniers ne pouvaient subsister sans être brisés en quarks. Après que la température se fut refroidie suffisamment, les quarks « prirent » en nucléons, tout comme l'eau « prend » en glace. Les physiciens parlent de « transition de phase » pour décrire un tel phénomène dont sont responsables les interactions nucléaires fortes.

Bien après, les nucléons ainsi formés se sont regroupés à leur tour pour former un nouveau type de structure : les noyaux atomiques. Nous avons décrit comment hélium et deutérium furent synthétisés de la sorte. Par la suite, et à température encore plus basse (celle de la recombinaison), ces noyaux se sont groupés avec les électrons pour former des atomes tels que ceux que nous connaissons.

---

1. La chromodynamique quantique, ou modèle nucléaire de la couleur, stipule que les particules constitutives des noyaux, les nucléons (protons et neutrons essentiellement) ne sont pas élémentaires mais à leur tour composées d'unités plus élémentaires, les quarks. Ces quarks s'assemblent de différentes manières pour former les nucléons ou d'autres composés. En plus de leur masse, de leur charge électrique et de leur moment angulaire (ou « spin ») ils sont caractérisés par une autre grandeur, purement quantique, nommée la « couleur ». L'introduction de ce dernier nombre quantique est tout à fait indispensable à la théorie (à laquelle il a donné son nom) puisque c'est la couleur qui, en grande partie, définit les règles d'assemblage de ces quarks.

Plus tard, pendant l'ère de la matière, apparurent bien d'autres structures microscopiques (molécules, cristaux, grains de poussière) ou macroscopiques (planètes, étoiles, galaxies, etc.), si bien que cette structuration progressive se révèle comme une des caractéristiques majeures de cette histoire cosmologique. Parallèlement à l'importance progressivement croissante de la matière relativement au rayonnement, cette tendance est en tout cas le préliminaire nécessaire et reconnu à l'apparition des structures que nous côtoyons, et plus particulièrement de la vie. En ce sens, nous pouvons affirmer que nous sommes le résultat d'une longue évolution cosmique.

Il est temps maintenant de voir quelles idées nouvelles viennent apporter dans ce schéma les plus récentes théories de physique des particules.

XIII

Cosmologie et particules

1. Une nouvelle physique : les théories de jauge

Le chapitre précédent nous a rapprochés des tout premiers instants de l'univers. L'univers primordial que nous y décrivions était chaud, dense, mais relevait d'une physique en grande partie connue, confirmée pour bien de ses aspects par l'expérience, quotidienne ou en laboratoire : physique atomique ou nucléaire, interaction matière-rayonnement, électromagnétisme, mécanique quantique, etc. permettent de décrire le comportement du contenu de l'univers. L'ensemble est au moins cohérent, en accord avec toutes les théories reconnues.

Cependant, notre connaissance est limitée. Les conditions qui nous environnent, mais aussi celles réalisables en laboratoire, ne peuvent dépasser un certain niveau de température et de densité. Au-delà de ces limites, la physique devient purement hypothétique, en tout cas non confirmée par l'expérience; les progrès s'y effectuent sous l'effet d'idées théoriques ou de principes généraux (symétrie, simplicité...). Certaines théories, construites ainsi furent par la suite confirmées, indiquant que cette voie était sans doute la bonne. C'est pourquoi nous pouvons parler, par exemple, des « quarks », particules en quelque sorte inventées pour expliquer certaines propriétés des interactions nucléaires. Elles sont actuellement inobservables et le resteront peut-être toujours. Pourtant, leur existence découle d'une théorie des interactions, élégamment nommée « chromodynamique quantique [1] », qui rend compte de bien des aspects de la physique des particules. Sans être rigoureusement vérifiée, cette théorie est pourtant, sinon admise définitivement, du moins reconnue comme viable par la plupart des physiciens. Elle se situe à la frontière entre théorie admise (ce qui ne veut pas dire « vraie ») et théorie hypothétique.

Dans ces dernières années s'est ainsi développé tout un domaine de la physique des particules, présumé décrire ce qui se passe aux très hautes énergies (c'est-à-dire aux très fortes températures). Ce développement a été rendu possible par la mise au point d'un outil mathématique très puissant qui permet d'exprimer les lois de la physique comme conséquences de principes de symétrie très généraux. Ces symétries, qui n'agissent pas dans l'espace géométrique ordinaire, mais dans des espaces mathématiques abstraits, portent le nom de « symétries de jauge » et les théories correspondantes se nomment « théories de jauge ». Les physiciens s'y intéressent beaucoup. D'une part à cause de leur élégance mathématique : faire dériver le plus grand nombre de lois physiques du plus petit nombre possible de principes généraux, tel est le rêve de tout physicien théoricien; d'autre part, ces théories ont fait leurs preuves dans un domaine d'énergie moins élevée où des vérifications expérimentales peuvent être entreprises. L'unification de l'électromagnétisme et des interactions nucléaires faibles en une seule interaction dite « électrofaible », effectuée dans ce cadre, s'est vue brillamment confirmée en 1984 par les physiciens Carlo

1. Voir note p. 183.

Rubbia et Simon Van der Meer, du CERN (Centre européen de recherches nucléaires) qui reçurent pour cela le prix Nobel de physique. La description du troisième type d'interactions (nucléaires fortes) dans le cadre des théories de jauge, bien que non confirmée par l'expérience, rend compte, sous le nom de chromodynamique quantique, de bien des aspects de la physique des particules.

C'est pourquoi les physiciens essaient de bâtir, à l'aide du même formalisme, des théories encore plus générales. Ils tentent ainsi de décrire les trois interactions mentionnées dans un cadre commun qui porterait le nom de « théorie de grande unification [1] ». A un degré de plus, les théories dites « supersymétriques » incluent également les interactions gravitationnelles (sous le nom de « supergravité »). Encore plus récemment, les théories de cordes ou de supercordes proposent une approche différente mais aussi très prometteuse.

Toutes ces théories sont encore loin d'être au point et risquent de ne pouvoir être confirmées expérimentalement avant longtemps : les énergies auxquelles elles s'intéressent sont et resteront longtemps hors de portée de notre technologie. Même l'intérieur des étoiles n'atteint pas des conditions aussi extrêmes.

Cependant, température et densité énormes, énergies très élevées, ce sont là les conditions de l'univers primordial. *A priori* il suffit de remonter assez loin dans le passé pour rencontrer les énergies aussi élevées que l'on peut imaginer. Ces théories (ou plutôt ces « pré-théories ») trouvent donc là un champ idéal d'applications. Elles conduisent à des prédictions parfois étonnamment précises (compte tenu du degré d'incertitude sur la théorie en question) concernant le déroulement de telle ou telle phase

1. Ces hypothétiques théories de grande unification sont classées selon la nature de la symétrie mathématique qu'elles exploitent. Leurs dénominations – SU (5), SO (10)... – proviennent des noms que les mathématiciens donnent aux groupes de symétrie correspondants.

de l'univers primordial. Sont-elles cohérentes? Sont-elles en accord avec le reste du modèle? On imagine avec quel intérêt les cosmologistes se sont penchés sur ces questions, sur ces outils leur permettant d'aborder des problèmes qui semblaient pour toujours hors de portée. Avant de décrire ce qu'ils ont imaginé, il nous faut entrer quelque peu dans le détail de ces théories. Un formalisme particulier, celui de la théorie quantique des champs, leur sert de cadre commun.

2. *Théorie quantique des champs*

La description classique du monde se fait à l'aide de particules, petites entités matérielles microscopiques munies de nombreuses caractéristiques (masse, charge électrique, moment angulaire, etc.) mais surtout parfaitement localisées, ou du moins localisables. La physique quantique nous conduit à abandonner cette conception, pourtant tout à fait en accord avec notre vision intuitive du monde, et amène les physiciens à décrire matière et rayonnement par d'autres concepts. A chaque type de particules précédemment envisagé doit alors être associé un nouvel être mathématique appelé un « champ [1] ».

La description en termes de champs diffère du tout au tout de celle en termes de particules. Le champ électronique, pour prendre un exemple (c'est-à-dire le champ associé aux particules de type électron, à ne pas confondre avec le champ électromagnétique associé aux photons), est une fonction définie en chaque point de l'espace, à chaque instant. Le point crucial est qu'il est défini même en l'absence de toute particule et que sa valeur dans ce cas (dite « valeur du vide »)

1. La notion de champ existe aussi en physique classique : champ électrique, champ magnétique décrivent de manière commode les phénomènes électromagnétiques. Les champs quantiques sont, en gros, de même nature. Mais ils doivent être utilisés pour la matière aussi bien que pour le rayonnement, sans alternative possible.

n'est pas nécessairement nulle. Nous y reviendrons. Si quelque part se trouve (selon la conception classique) une particule, la valeur du champ y est bien sûr modifiée mais elle est aussi modifiée pour tous les points voisins de l'espace, même là où, selon la conception classique, la particule ne se trouve pas. Tout cela fait ressortir le caractère éminemment non local de cette nouvelle entité. Ainsi, les champs prennent des valeurs correspondant à des états à zéro, à une, ou plusieurs particules. La théorie quantique des champs permet de décrire ces états et leur évolution par le formalisme mathématique apte à prendre en compte ces êtres mathématiques.

Lorsque la physique est exprimée en ces termes, la différence entre matière et rayonnement disparaît, en toute rigueur. Mais une nouvelle distinction apparaît et les particules se classent en deux familles, celle des bosons et celles des fermions [1]. En effet, que l'on raisonne en termes de champs ou en termes de particules, on est conduit à associer à chaque type un ensemble de nombres quantiques. Certains, comme la charge électrique, ont leur équivalent dans la conception classique mais d'autres non, ce qui fait précisément une des richesses de la théorie quantique. C'est ainsi que le spin joue un rôle fondamental en mécanique quantique [2].

Toute particule possède un spin (qu'elle soit décrite en termes de particules ou dans le cadre de la théorie quantique des champs). Mais pour un type de particule donné,

1. La distinction boson-fermion correspond en pratique assez bien à la distinction rayonnement-matière, sans qu'elle soit équivalente. Les bosons, en général, sont plutôt les médiateurs des interactions tandis que les fermions sont souvent les particules auxquelles s'appliquent ces interactions, et non leur support. Néanmoins, les deux distinctions ne se recouvrent pas totalement.

2. Le spin présente en fait bien des analogies avec le moment angulaire (en physique classique). Néanmoins c'est une grandeur fondamentalement quantique et l'identification ne peut être totale. Ainsi, par le, des particules sans masse, tel le photon, possèdent tout de même un spin. C'est pourquoi, il n'est pas possible de connaître simultanément les trois composantes dans l'espace de cette quantité vectorielle.

le spin ne peut prendre que certaines valeurs. Le spin d'un électron ne peut valoir que 1/2 ou – 1/2 tandis que celui du photon doit être entier. Et c'est là que réside la différence fondamentale : les bosons ne possèdent que des valeurs entières de spin; les fermions des valeurs demi-entières. Cette différence, qui pourrait paraître accessoire, est en fait fondamentale. Elle détermine deux types de comportements statistiques totalement différents, notamment pour les états comprenant un grand nombre de particules.

Les bosons jouent le plus souvent un rôle de messagers, de supports même pour les interactions. Ainsi le photon peut-il être considéré comme le support de l'interaction électromagnétique et, selon le domaine spectral de ce rayonnement, il charrie plus ou moins d'énergie. En termes de particules, les photons sont véritablement les grains d'énergie du rayonnement électromagnétique. En termes de rayonnement, les champs associés aux photons se confondent avec ce que nous appelons classiquement « champ électromagnétique ». Ces mêmes interactions électromagnétiques agissent quant à elles entre particules de type fermion (électrons, protons par exemple) ou, selon le langage de la théorie des champs, entre champs fermioniques.

De même, d'autres bosons se font les intermédiaires des interactions nucléaires faible et forte. Peut-être existe-t-il également un boson messager de la gravitation, que l'on nommerait « graviton », mais dont l'existence n'est pas encore reconnue (ce qui veut simplement dire qu'il n'existe pas de théorie quantique du champ gravitationnel).

Ainsi toute la matière et la quasi-totalité de ses interactions se décrivent en termes de champs de bosons et de fermions. Cette description est très efficace et ses progrès les plus récents proviennent de l'introduction d'un formalisme et de principes nouveaux, qui constituent les théories de jauge. Il n'est pas question de décrire celles-ci en détail mais leur importance en physique et en cosmologie mérite que l'on en présente les grandes lignes. Elles sont bâties, en premier lieu, sur les notions de symétrie et d'invariance. Ainsi, par exemple, l'électromagnétisme, la relativité restreinte et la relativité générale sont tous trois déduits de principes de symétrie ou d'invariance.

3. *Symétries et invariances*

En physique classique comme en physique quantique, les entités physiques peuvent subir des transformations, vérifier des symétries. Prenons par exemple le cas de l'électron, considéré comme une particule en physique classique, mais auquel est associé un champ, le champ électronique en physique quantique. A toute transformation que peut subir l'électron est alors associée une transformation du champ. Ainsi, lorsque l'électron subit par exemple une translation spatiale (c'est-à-dire un simple changement de position) le champ associé doit être remplacé par le nouveau champ, transformé par l'opération mathématique appelée « translation spatiale ». Mais l'électron, qu'il soit ici ou là, possède toujours les mêmes propriétés; il reste identique à lui-même. Le champ associé doit alors être invariant par l'opération en question : il est « invariant par translation ».

Toutes les lois de la physique que nous connaissons sont invariantes par translation. Cela ne fait qu'exprimer le fait qu'une même expérience donne toujours le même résultat quel que soit l'endroit où on l'effectue (toutes conditions égales par ailleurs). Si une telle invariance n'existait pas, il aurait été bien difficile d'établir le concept de loi physique et de bâtir la moindre théorie scientifique. Cette invariance si naturelle s'exprime donc par une propriété mathématique bien définie de tous les champs associés à la matière (ou au rayonnement) et, malgré sa simplicité, n'est pas un fait trivial.

Il existe bien d'autres types de transformations possibles : la translation temporelle consiste à répéter la même expérience à un instant différent; la rotation spatiale, à la reproduire après avoir fait tourner l'ensemble de l'appareillage intervenant; les transformations de Lorentz (qui s'expriment aussi comme des rotations dans l'espace-temps à quatre dimensions) consistent à faire la même expérience dans un repère en mouvement uniforme (un train par exemple).

Il se trouve que pour toutes les transformations citées la physique est invariante. L'expérience de tous les jours nous l'enseigne et c'est sans doute pour cette raison que ces invariances nous paraissent toutes naturelles. Il n'en est pas moins vrai qu'elles sont d'importance capitale, à tel point que le simple fait de les exprimer mathématiquement entraîne des conséquences importantes, telles que les lois de conservation de l'impulsion, de l'énergie, du moment cinétique ou de la vitesse de la lumière. Pour le cas des transformations de Lorentz, toute la théorie de la relativité restreinte en résulte. Cette notion apparaît donc extrêmement féconde.

Toutes les transformations que nous venons de citer sont de type géométrique (même si parfois la géométrie invoquée est à quatre dimensions) mais bien d'autres sont possibles. On peut par exemple remplacer (pour une expérience réelle ou imaginée) tous les protons présents dans le système par des neutrons, et *vice versa.* Si l'expérience ne met en jeu que des interactions de type « nucléaire fort » (non sensibles à la charge électrique), rien n'est changé dans le résultat. Si elle implique l'électromagnétisme, tout est au contraire modifié. Les interactions fortes sont donc invariantes par rapport à la transformation particulière que constitue l'échange proton-neutron, les interactions électromagnétiques ne le sont pas. Les champs correspondant à ces particules possèdent les propriétés d'invariance correspondantes.

Ainsi peuvent être imaginées toutes sortes de transformations auxquelles correspondent ou non des invariances des lois physiques : transformations géométriques, échange d'un type de particules en un autre, modification de telle ou telle propriété d'un type de particules (par exemple remplacer les charges positives par des charges négatives). La description de ces transformations, des invariances associées et des conséquences physiques pourrait faire l'objet d'un ouvrage entier mais ici nous intéresse un type particulier de ces transformations, celui des transformations de jauge. Celles-ci sont sans doute, malheureusement, les plus difficiles à décrire car elles ne correspondent ni à une variation géométrique ni à un changement de propriétés simples des particules. Elles concernent certains attributs de ces êtres mathématiques que sont les champs quantiques et ne peuvent être exprimées hors de ce formalisme [1].

L'étude d'une particule libre, de type fermionique, révèle dans tous les cas son invariance par rapport aux transformations de jauge considérées. Pour être plus précis, l'équation régissant le mouvement libre de la particule reste la même si l'on effectue une transformation de jauge (consistant à remplacer la valeur A d'un certain paramètre, par une autre valeur B constante dans l'espace). Les physiciens demandent alors un peu plus aux équations : de rester invariantes dans une transformation de jauge non plus globale (la même dans tout l'espace) mais locale (c'est-à-dire différente d'un point à un autre) : que la nouvelle valeur du paramètre soit différente d'un point à un autre : B (x). Cette nouvelle exigence est beaucoup plus contraignante et nécessite une modification des équations régissant le comportement de la particule. C'est là que les physiciens voient se

1. Ces transformations agissent dans des espaces mathématiques abstraits, d'où la difficulté de les visualiser. Néanmoins, elles ont des propriétés communes avec d'autres transformations qui, elles, agissent dans des espaces géométriques dont la seule originalité est de posséder un grand nombre de dimensions. Ces analogies géométriques sont utilisées par les mathématiciens pour classer et nommer ces transformations mais ne nous sont malheureusement que d'une utilité très limitée pour notre compréhension.

produire la partie bénéfique de la théorie. L'équation modifiée se révèle, de manière tout à fait naturelle, apte à décrire non seulement la particule libre (c'est-à-dire son comportement lorsqu'elle est isolée) mais également ses interactions possibles avec les autres particules. Ainsi, grâce à cette opération apparaît une description possible de l'interaction en question. Elle se révèle sous la forme d'un nouveau champ, le champ des bosons associés à cette interaction. Par exemple, en rendant locale la symétrie de jauge associée aux électrons, on fait apparaître l'interaction électromagnétique sous forme du champ électromagnétique, c'est-à-dire du champ des bosons associés à cette interaction, les photons.

Les physiciens possèdent donc là un mécanisme qui permet, pour chaque type de particules, de faire apparaître de manière quasi automatique l'interaction correspondante et qui en décrit les caractéristiques. Cette méthode fut appliquée avec succès à l'électromagnétisme d'une part, aux interactions nucléaires fortes d'autre part, mais son succès fut encore plus grand. Les physiciens ont en effet réussi à regrouper vis-à-vis d'une même invariance, donc finalement à réunir comme une seule et même interaction, l'électromagnétisme et les interactions nucléaires faibles : ce fut la création de la « théorie électrofaible ».

Il y a longtemps que les physiciens cherchaient à unifier ainsi différentes interactions sans y parvenir. Le fait d'avoir réussi à en unir 2 sur 4 est encourageant et constitue le grand mérite des théories de jauge. De nombreux chercheurs essaient en ce moment de franchir le pas suivant, en ajoutant l'interaction forte aux deux précédentes, cherchant ainsi à bâtir une « théorie de grande unification » (GUT). Ceci ne va pas sans mal; les théories de jauge semblent être le cadre approprié mais la mathématique n'est pas simple et aucune théorie ne donne encore réellement satisfaction. Néanmoins, l'espoir est grand et de nombreux physiciens pensent déjà connaître les futures caractéristiques d'une théorie qui n'est pas encore totalement élaborée. C'est ainsi qu'ils ont déjà commencé à examiner les conséquences d'une théorie de grande unification en cosmologie et ont montré qu'elles étaient extrêmement importantes, à tel point qu'elles ont immédiatement séduit les cosmologistes.

XIV

Grande unification et cosmologie

1. Pourquoi unifier ?

Le cadre des théories de jauge a permis de décrire électromagnétisme et interaction nucléaire faible comme deux aspects d'une même interaction dite « électrofaible ». Pourtant nous constatons bien, en laboratoire, l'existence de deux interactions distinctes. Il n'y a pas contradiction, tout est une question de domaine d'énergie. La théorie prévoit en effet que l'unification des deux interactions en une seule ne soit effective qu'au-delà d'une certaine énergie de transition et que, en deçà de celle-ci, les deux interactions se diversifient. Cette énergie dépassant celles de nos laboratoires, l'unification ne nous est pas apparente.

Nous avons vu que le principe des théories de jauge reposait sur une invariance par rapport à une certaine symétrie, dite « symétrie de jauge ». C'est l'existence de cette symétrie qui entraîne la réunion des interactions. Ainsi la réunion de l'électromagnétisme et des interactions faibles est un effet de l'existence d'une certaine symétrie de jauge [que les mathématiciens baptisent SU (2)]. Tant que cette symétrie est vérifiée dans la nature, les deux interactions en question sont décrites par une seule théorie, la théorie électrofaible. Si, pour une raison ou pour une autre, cette symétrie disparaît, les interactions se distinguent (comme elles le sont aujourd'hui) et doivent être décrites séparément. Or, ce que prévoit la théorie, c'est qu'une telle symétrie ne peut subsister en dessous d'une certaine température $T_{SU(2)}$. On dit alors qu'elle est brisée et les interactions se séparent comme nous l'avons indiqué. Des situations analogues se présentent en physique classique où une symétrie (de type géométrique cette fois) est détruite à faible température; par exemple la cristallisation d'un liquide : un cristal, bien qu'obéissant à quelques symétries, n'est pas aussi homogène que le liquide à partir duquel il a pris naissance et représente donc un état moins symétrique.

Les progrès de la physique des particules laissent entrevoir la possibilité de construire une théorie réunissant non plus seulement deux mais trois des interactions : les deux précédentes plus les interactions nucléaires fortes. Bien que la gravitation échappe encore au schéma unificateur, une telle théorie, appelée « de grande unification », constituerait un très grand progrès de la physique. Ce que pensent les physiciens, c'est qu'une telle unification est réalisée de la même manière que plus haut, grâce à l'existence d'une symétrie de jauge. Lorsque cette symétrie est vérifiée, les trois interactions seraient réunies en une seule; elles seraient distinctes lorsque la symétrie serait brisée. Malheureusement, la théorie en question n'est pas encore établie. Par exemple la symétrie en question n'a pas encore été trouvée dans l'arsenal des symétries que proposent les mathématiciens. Des tentatives avec une symétrie relativement simple, nommée SU (5), semblent incapables de résoudre tous les problèmes : la physique est probablement un peu plus complexe. Néanmoins, la plupart des physiciens des particules sont persuadés que les théories de jauge, qui par ailleurs ont fait leurs preuves, constituent l'outil idéal pour une théorie de grande unification. En caricaturant on pourrait dire que les « détails » de la théorie – la nature exacte de la symétrie en question, etc. – sont de peu d'importance.

Du point de vue de la cosmologie, c'est un peu vrai. Le simple fait qu'il s'agisse d'une théorie de jauge, même si l'on n'en connaît pas les détails, suffit à imposer quelques caractéristiques qui, déjà, permettent de construire un scénario cosmologique. Parmi celles-ci, la plus importante est sans doute l'existence d'une température critique, T_{GU} où la symétrie de jauge associée à cette grande unification doit elle aussi se briser. Cette température doit être extrêmement élevée (bien plus que celle, mentionnée précédemment, de la théorie électrofaible) sans doute voisine de 10^{27} kelvins (ou 10^{23} eV).

Au cours de ses premiers instants, l'univers était en effet, dans le cadre du modèle du Big-Bang, d'une température si élevée qu'elle dépassait la valeur énorme mentionnée plus haut. De la sorte, la physique régnant alors devait être celle de la grande unification : les particules présentes auraient été celles prévues par cette théorie (plus de 50 espèces dont la plupart auraient disparu à nos jours), soumises à une seule et unique interaction en plus de la gravitation [1]. Mais l'univers en expansion, se refroidissant, ne peut rester dans cet état de grande unification : lorsque la température décroît en deçà de la valeur de transition, la symétrie se brise et les interactions se divisent en familles distinctes. Le caractère unitaire de la physique disparaît pour se rapprocher de l'état différencié actuel [2].

Si les théories de jauge se révèlent, comme le pensent un nombre croissant de théoriciens, le cadre adapté pour une grande unification, et si l'univers subit bien un refroidis-

1. Les physiciens espèrent bâtir une théorie où la gravitation serait elle aussi réunie aux trois autres interactions. Néanmoins cette réunification totale se produirait à température encore plus élevée, si bien qu'à l'époque de l'univers dont il est question, la gravitation serait déjà distincte et le présent raisonnement ne serait pas modifié.

2. Notons cependant qu'électromagnétisme et interaction faible restent encore indifférenciés jusqu'à la brisure de la théorie électrofaible.

sement dû à l'expansion, alors la transition correspondant à la brisure de symétrie se produit dans les premiers instants de son histoire. Bien que la théorie ne soit pas encore au point, apparurent rapidement – et le mérite en revient en grande partie au physicien A. Guth – des conséquences cosmologiques très importantes. Cette transition marque une rupture entre deux états bien distincts du contenu de l'univers. Elle s'apparente par exemple à la prise de l'eau en glace et les physiciens classent les deux phénomènes sous le nom de « transition de phase ». Les physiciens ne savent pas exactement comment s'est déroulée cette transition. Ils connaissent également très mal l'état de l'univers qui la précéderait. Ce qu'ils connaissent le mieux, c'est l'état résultant de cette transition, du moins certains de ses aspects, puisque c'est celui qui a pu évoluer jusqu'à l'état présent et observé de l'univers.

Pourtant tout n'est pas un simple jeu de l'esprit : l'existence d'une telle transition et les détails de son déroulement entraînent des conséquences importantes sur la structure actuelle de l'univers et permettent de trouver les explications physiques à des phénomènes qui, sinon, paraissaient relever d'un hasard bien improbable : pourquoi l'univers est-il apparemment homogène ? Pourquoi sa densité moyenne est-elle si proche de l'unité, en unités cosmologiques [1] ? C'est pour cette raison que les physiciens ont déployé tant d'efforts pour analyser les détails de cette transition, alors que le cadre définitif pour le faire n'est pas encore établi.

1. Ces deux problèmes – celui de l'homogénéité (présenté au chapitre sur le fond diffus cosmologique) et celui de la planéité (dire que la densité moyenne est proche de la valeur 1 en unité de densité critique, c'est dire que la géométrie de l'univers, *a priori* courbe, est proche d'une géométrie plate) – sont présentés plus loin.

2. *Le vide en théorie des champs*

Les caractéristiques particulières introduites par cette transition sur l'évolution de l'univers se comprennent en faisant appel à une notion nouvelle, celle du vide quantique.

La théorie quantique des champs décrit un système matériel par son « état »; une différence essentielle avec la conception classique provient du fait qu'à un état donné n'est pas toujours associé un nombre défini de particules. Néanmoins existent des états à 1, 2, ou *n* particules, et en particulier des états à 0 particule. Ces états correspondent bien entendu à ce que nous appelons le « vide » mais, en théorie quantique des champs, ce vide n'est pas dénué, comme dans la conception classique, de toute caractéristique et de toute propriété physique. C'est ainsi qu'à un état vide peuvent être attribuées une certaine densité d'énergie, une certaine pression. Cela est sans aucun doute difficile à concevoir mais il faut admettre qu'un état sans particules ni rayonnement n'est pas « rien ». La théorie des champs nous enseigne donc qu'à aucun moment et à aucun endroit de l'univers ne peut exister « rien ». Le minimum, c'est le vide quantique, que l'on appellera plus avantageusement (pour éviter les confusions) « état fondamental » et qui représente déjà quelque chose. Notons que ceci n'est pas une vue de l'esprit et que ces idées ont reçu une vérification expérimentale [1]. Elles sont inhérentes à la théorie des champs, indépendantes de l'existence de telle ou telle théorie, par exemple celle de grande unification.

Il est à noter également que, du point de vue de la théorie

1. Un effet de l'énergie contenue dans le vide, dit « effet Casimir » a été mesuré. Par ailleurs, l'existence d'un vide quantique pose de nombreux problèmes fondamentaux, que nous ne pouvons énumérer ici. Des caractéristiques intéressantes apparaissent dès que l'on rapproche cette idée de vide « substantiel » avec celle de relativité; en effet ce vide peut alors apparaître différent pour différents observateurs d'où s'ensuivraient des effets théoriquement mesurables.

quantique des champs, l'énergie n'est pas définie de manière absolue : à un état quelconque – que ce soit le vide ou un état rempli de particules – n'est pas associée une énergie bien déterminée. Ce qui est défini sans ambiguïté, c'est la différence d'énergie entre deux états. Ainsi, le « vide » sera défini comme l'état d'énergie minimale; et ce qui est nouveau, c'est que rien dans la théorie ne force cette énergie minimale à être nulle.

Le vide est donc finalement défini par comparaison avec d'autres états. Si l'on fait l'inventaire des états accessibles à un système et que l'on examine leurs énergies, plusieurs états de vide différents peuvent apparaître selon les conditions physiques extérieures (température, densité par exemple). Cela veut dire que l'on peut distinguer plusieurs groupes d'états et que, dans chacun de ces groupes, existe un état d'énergie minimale. On arrive ainsi à une situation curieuse, où plusieurs vides peuvent être accessibles au système. Ces différents vides peuvent être d'énergies identiques, mais ce n'est pas nécessaire. Si ce n'est pas le cas, il est évident que l'un d'eux au moins doit posséder une énergie non nulle. Le vide prévu par les théories quantiques apparaît fort différent de la conception classique : il peut contenir de l'énergie, exercer une pression; plusieurs états de vide distincts peuvent exister simultanément; enfin, comme nous le verrons, il peut posséder des propriétés de symétrie bien spécifiques. Tout cela est dû au fait que, du point de vue de la théorie des champs, le vide est un état comme les autres; tous les états – vides ou non vides – possèdent des propriétés similaires et ce n'est que pour faire apparaître les notions intuitives de la physique que les physiciens introduisent le concept de particule et celui de vide qui, antinomiquement, lui est associé.

Nous connaissons bien l'état du vide dans l'univers actuel. C'est l'état dans lequel il serait si l'on enlevait tout ce qu'il contient, matière comme rayonnement. La physique nous apprend qu'un tel état ne serait pas tout à fait « rien » et qu'il représenterait une certaine densité d'énergie. Pourtant cette énergie est si minime, comparée à toutes celles qui entrent par ailleurs en jeu dans la physique, qu'elle n'entraîne aucun effet observable à nos échelles. Ce vide, dans la pratique, correspond donc bien à l'idée intuitive que nous nous en faisons. Il semble d'ailleurs que, du point de vue de la physique des particules comme de celui des cosmologistes, aucun autre état de vide d'énergie inférieure ne puisse exister. Ce vide représente donc le *minimum minimorum* de tous les états envisageables et il est appelé « vrai vide ». Au contraire, à d'autres périodes de l'histoire de l'univers, le vide aurait pu être un faux vide d'énergie plus élevée; cette énergie (ou plutôt cette densité d'énergie puisque nous avons vu que c'est la densité qui importait en cosmologie) aurait même pu être assez importante pour dominer totalement la dynamique cosmologique. Si une telle période s'est réellement présentée, où l'énergie du vide aurait dominé toutes les autres formes d'énergie, l'histoire de l'univers serait passée par une phase étonnante que les cosmologistes nomment « ère d'inflation », une période aux conséquences surprenantes, que nous décrirons plus loin.

3. Une symétrie qui se brise

Si le vide d'aujourd'hui est le vrai vide, les autres vides ayant pu régner plus tôt dans l'histoire de l'univers sont bien sûr des faux vides. Mais quels sont donc ces autres vides? Et pourquoi l'univers aurait-il été dans un état de faux vide plutôt que dans celui de vrai vide?

Si dans la physique actuelle un seul vide – le vrai – se révèle possible, il n'en est pas de même dans le cadre des théories de grande unification. Elles prévoient en effet l'existence de plusieurs vides possibles, d'énergies différentes et, de plus, variables avec les conditions physiques. Ainsi par exemple, un vide que nous appellerons V_0, d'énergie E_0, et une multitude de vides V_1, V_2, V_3, etc. d'énergie identique E. Mais les énergies de ces vides dépendent de la température. A très forte température, l'énergie E_0 est inférieure à l'énergie E, de sorte que le vide V_0 est plus fondamental que les autres. Au contraire, au-dessous d'une certaine température T_{GU} (qui est justement celle où se brise la symétrie de jauge, comme nous l'avons indiqué p. 199), l'énergie E devient inférieure à E_0, si bien que le vide V_0 n'est plus l'état d'énergie minimale. Ainsi, tout au début de l'histoire de l'univers (alors que la température dépasse T_{GU}), l'état quantique tendrait à être dans l'état de vide V_0; au contraire, après T_{GU}, il tendrait à se fixer dans un état de vide d'énergie E.

Cette transition d'un vide à l'autre possède une extrême importance du point de vue des théories de grande unification. En effet, entre autres propriétés, il se trouve que l'état du vide peut ou non vérifier les symétries de la physique (bien que nous soyons plutôt habitués à associer ces symétries à des états matériels). Il apparaît alors – mais c'est loin d'être une coïncidence – que l'état de vide V_0 vérifie la symétrie de jauge tandis que les autres (V_1, V_2, etc.) ne la vérifient pas. C'est pourquoi la transition de V_0 à V_1 (ou V_2...) peut se comprendre comme la brisure de symétrie. Cela explique aussi pourquoi, alors qu'il n'existe qu'un seul état V_0 possible (le seul qui puisse vérifier la symétrie), il existe toute une multitude V_1, V_2, etc., d'états qui ne la vérifient pas [1].

---

1. Il est naturel de concevoir qu'il existe beaucoup plus d'états possibles ne vérifiant pas une symétrie que d'états la vérifiant. Une analogie peut nous aider à comprendre, à l'aide d'une symétrie de type géométrique. Considérons par exemple les positions possibles d'une règle, et les symétries par rapport à une rotation autour d'un axe vertical. Une seule position de la règle est invariante par rapport à cette rotation, celle où la règle coïncide avec l'axe. En effet, si nous effectuons une rotation, la règle continue à coïncider avec l'axe : elle ne s'est pas déplacée. Au contraire, pour toute autre position (il en existe une infinité), la rotation fait tourner la règle, donc la déplace : ces nouvelles positions ne sont pas invariantes par rotation. Ainsi il n'existe qu'une seule position vérifiant la symétrie (c'est-à-dire invariante vis-à-vis de cette symétrie) alors qu'il en existe une multitude ne la vérifiant pas. La brisure de la symétrie correspondrait au passage de la règle, d'une position coïncidant avec l'axe vers une position différente.

Dire que l'état du vide est V_0, c'est donc dire que les interactions sont unifiées; dire que l'état de vide est un des autres, c'est dire que la symétrie est brisée et que les interactions sont dissociées. La brisure de la symétrie (de jauge) de la grande unification s'interprète donc comme le passage d'un état de vide V_0 vers un autre état de vide, correspondant à la brisure de symétrie. Tous les effets cosmologiques proviennent de l'énergie contenue dans ce vide.

Ainsi apparaît une des implications les plus importantes en cosmologie des théories de grande unification : l'existence d'une transition de phase – la brisure de symétrie – qui fait passer l'état fondamental de la physique – le vide quantique – d'une valeur (de densité d'énergie importante) à une autre (de densité d'énergie quasi nulle) et qui détruit l'unification des interactions. Cette transition est source de nombreux effets que nous allons maintenant analyser.

Les théories de grande unification étant encore mal déterminées, il est difficile aux physiciens de savoir comment se déroule exactement cette transition (de toute manière, même si l'on connaissait les détails de la théorie, cela resterait un problème difficile). Néanmoins, nous pouvons mieux la comprendre en examinant d'autres transitions similaires, telle par exemple la prise de l'eau en glace. Comme nous l'avons déjà fait remarquer, une quantité d'eau liquide possède plus de symétries qu'un bloc de glace; en effet la glace est un assemblage de cristaux qui, pris séparément ou dans leur ensemble, ne vérifient de symétries que selon les axes de ces cristaux (il s'agit de symétries par rotation). Au contraire, une masse d'eau liquide (que nous supposerons sphérique) reste identique à elle-même quel que soit l'axe autour duquel on la fait pivoter. Il y a donc, lors de la prise de l'eau en glace, perte d'une certaine symétrie, il y a brisure de symétrie. Comme dans les cas énoncés plus haut, il existe une température critique – 0 degré Celcius – au-dessous de laquelle l'état le plus symétrique, l'eau liquide, ne peut plus exister. Il y a donc, lors d'un refroidissement, passage d'une phase à une autre, il y a changement de phase.

Pourtant nous savons que de l'eau peut parfois être refroidie en dessous de la température de 0 degré (jusqu'à – 5 degrés par exemple) sans prendre en glace; on dit alors qu'il y a « surfusion ». Mais l'eau est alors dans un état instable : la moindre agitation, ou la moindre impureté la fait geler instantanément. Cette analogie nous montre qu'il existe au moins deux façons différentes pour une transition de phase de se produire. Pour la brisure des symétries de jauge, ces deux façons sont *a priori* possibles mais elles diffèrent fortement quant à leurs effets. Puisque les physiciens des particules ne sont pas encore capables de préciser quel est le bon scénario, toutes les possibilités doivent être envisagées avec leurs conséquences.

4. *Un univers rempli de défauts?*

Que se passe-t-il dans l'univers à l'époque de la transition des théories de grande unification (10^{-35} seconde)? Si la transition se produit de manière normale, elle doit démarrer dès que la température atteint la valeur critique T_{GU}, c'est-à-dire simultanément en des points différents, et plus ou moins éloignés, dans l'univers. A partir de chacun de ces points, elle se propage dans l'espace entourant ces points jusqu'à s'être effectuée partout. Après quoi, le vrai vide règne partout dans l'univers et l'interaction nucléaire forte est partout découplée des autres : les théories de grande unification ont cessé d'être valides.

Mais tout n'est pas aussi simple; avant la transition, le faux vide V_0 règne partout, identiquement. Au cours de la transition il se transforme en un autre vide mais il existe une multitude de possibilités : tout comme un crayon reposant sur sa pointe peut, lorsqu'on le lâche, tomber dans une infinité de directions, le vide V_0 peut évoluer vers une infinité d'états de « vrai vide » V_1, V_2, V_3, etc. Du point de vue de la physique, il n'y a pas grande importance que l'état soit V_1, V_2 ou un autre, mais le point délicat provient du fait que la transition a pu démarrer en un point vers V_1, vers V_2 en un autre point, et vers d'autres valeurs aux autres points. La transition se propage pour remplir les vides entre les points mais lorsque les vrais vides tendent à se rejoindre, il y a des discordances : l'état de vrai vide V_1 ne peut se fondre sans histoires avec l'état de vrai vide V_2.

Ainsi, peu de temps après le démarrage de la transition, on serait dans une situation étrange. L'univers apparaîtrait divisé en zones contiguës, en domaines, un vide différent régnant dans chacun. Ce serait partout un vrai vide (notamment avec une densité d'énergie quasiment nulle) mais différent d'une zone à l'autre en ce sens que certains paramètres du champ correspondant posséderaient des valeurs différentes. Cela pose-t-il problème ? Les ennuis ne se produisent pas dans les différentes zones de cet univers en patchwork mais à leurs frontières. En effet, lorsque les différents vides ont tenté de se rejoindre au moment de la brisure de symétrie, ils n'ont pu le faire parfaitement. Aux points de jonction se produisent des défauts, comme si l'on voulait joindre deux tissus aux trames différemment orientées. Ces défauts, dont la théorie permet de connaître les caractéristiques, seraient en quelque sorte piégés dans la structure même de l'espace, si bien qu'ils n'auraient plus aucun moyen de disparaître par la suite. Il faudrait pour cela que l'univers entier soit réchauffé à la température énorme de la transition des théories de jauge, ce qui, heureusement ne risque pas de se produire. Il faut donc admettre que ces défauts subsistent.

Examinons donc leurs caractéristiques; selon les détails de la théorie, ils ont une allure géométrique différente : entre les domaines cohérents, les limites sont des surfaces (comme des alvéoles de nids d'abeilles); mais ces surfaces définissent des lignes à leurs intersections, qui à leur tour se coupent en des points. Les défauts en question peuvent donc posséder un des trois aspects. Les plus fascinants correspondent aux lignes, que les cosmologistes appellent « cordes cosmiques » ou aux points, qui se nomment « monopôles ».

Ces monopôles s'identifient avec les fameux monopôles magnétiques dont les physiciens envisagent depuis longtemps l'existence sans pouvoir ni la confirmer ni l'infirmer; ces particules seraient pour le champ magnétique l'analogue des particules chargées électriquement. Elles n'ont jamais pu être mises en évidence puisque personne n'a jamais pu observer un pôle d'aimant, privé de son pôle moins. Les expérimentateurs cherchent avec avidité à en détecter; une telle détection, si elle était réalisée, entraînerait une modification de l'électromagnétisme, mais constituerait un sérieux argument en faveur des théories de grande unification.

Ces défauts – cordes cosmiques ou monopôles – sont des êtres physiques étranges qui ne ressemblent à rien de connu; le point crucial est qu'ils contiennent une quantité d'énergie très élevée; en d'autres termes, la masse qui leur est associée est énorme. D'autre part, les physiciens sont capables d'estimer en quelle abondance ils sont créés [1] à l'époque de la transition : 10^{75} par centimètre cube. Comme chacun possède une masse élevée, la contribution qu'ils apportent à la masse de l'univers serait absolument énorme, en fait bien supérieure à ce qui est admissible compte tenu des observations. Il y a là un problème à résoudre; nous verrons au paragraphe suivant comment cela peut être accompli.

Ce qui apparaît, c'est que les monopôles ne peuvent exister en grande densité; s'ils ont été produits à la transition, ils ont dû, par la suite, être extrêmement dilués, au cours

1. Il est assez simple à concevoir qu'il existe environ un ou quelques-uns de ces défauts pour chaque domaine de cohérence (c'est-à-dire où le vide est dans un état constant). Or, la taille de ces domaines peut être estimée, par des arguments de causalité, à 10^{-25} centimètre environ. Il en résulte que l'univers doit être rempli de tels défauts avec une densité de 10^{75} par centimètre cube.

du processus que les astrophysiciens nomment « inflation », et que nous décrirons aux paragraphes suivants. En ce qui concerne les cordes cosmiques, la situation est un peu différente. Il est assez difficile de calculer en quelle abondance elles seraient créées mais elles n'ont pas que des effets maléfiques du point de vue de la cosmologie, à condition bien sûr d'obéir à la contrainte cosmologique de ne pas constituer une trop forte densité de masse (faute de quoi elles auraient déjà stoppé l'expansion de l'univers que nous observons actuellement). Mais si elles ne violent pas cette contrainte, elles entraînent plusieurs conséquences d'intérêt astrophysique. Les premières proviendraient de leurs masses : ces objets ponctuels extrêmement massifs, là où ils seraient présents, modifieraient sans aucun doute la propagation de la lumière et du rayonnement électromagnétique (voir chapitre V-5 sur la relativité générale). Ainsi on pourra peut-être, grâce à de futures observations en infrarouge par satellites, déceler leur effet sur le rayonnement diffus cosmologique. Peut-être aussi sont-elles la cause de mirages gravitationnels (voir chapitre VI-6). Par ailleurs, ces cordes cosmiques, si elles existent, sont des objets très peu stables qui se désintègrent en émettant des ondes gravitationnelles. L'astronomie des ondes gravitationnelles n'en est qu'à ses premiers balbutiements mais les physiciens ont l'espoir de pouvoir construire un jour des détecteurs capables d'enregistrer un rayonnement gravitationnel émis par ces objets [1]. D'autre part les cosmologistes portent un grand intérêt à ces êtres curieux car, s'ils existent vraiment, ils seraient

1. Il existe dans l'univers des systèmes naturels sensibles aux ondes gravitationnelles et qui pourraient servir indirectement de détecteurs. Ainsi le système Terre-Lune, ou Terre-Soleil, ou toute étoile double, pourrait voir ses propriétés orbitales modifiées par le passage de telles ondes, modifications qui pourraient, grâce à la finesse sans cesse croissante des observations, être enregistrées dans un avenir proche par les astronomes. Ainsi par exemple, l'analyse du mouvement du pulsar binaire (système constitué de deux étoiles denses en orbite mutuelle) a-t-elle déjà permis de placer une limite supérieure à la densité de cordes cosmiques ayant été générées dans l'univers.

capables de créer les premières fluctuations primordiales à l'origine de la formation des galaxies, dont les astrophysiciens cherchent désespérément l'origine (voir chapitre sur la formation des galaxies).

L'existence de ces défauts, qu'elle soit bénéfique ou maléfique, semble en tout cas inéluctablement liée à la brisure de symétrie des théories de grande unification. Pourtant, après avoir été créés, il est possible qu'ils soient très fortement dilués par le processus d'« inflation ».

5. *Un scénario inflationniste*

La notion d'inflation est récente puisque son origine remonte à un article du physicien. A. Guth publié en 1980. Elle repose sur l'idée de faux vide en physique des particules, plus précisément sur la possibilité d'une nouvelle forme d'énergie qu'il apporte à la physique. Originellement, cette idée fut développée dans le cadre des théories de grande unification. Bien qu'aujourd'hui les physiciens estiment que l'inflation relève peut-être de phénomènes encore plus généraux, c'est dans le cadre originel des théories de jauge que nous allons la présenter.

Tout provient de la possibilité que l'univers, à un instant de son histoire, ait été dominé par cette forme étrange d'énergie qu'est l'énergie du vide. Si les théories de grande unification sont réellement vérifiées en physique (ce que nous supposerons par la suite), le vide était, au début de l'univers, un faux vide recelant une forte quantité d'énergie. La densité totale d'énergie dans l'univers se composait alors d'énergie normale (énergie de masse et énergie cinétique des particules, énergie du rayonnement) et de l'énergie du vide. Deux types d'énergie qui ne possèdent pas du tout le même comportement vis-à-vis de l'expansion de l'univers. L'énergie des particules (ou du rayonnement) se dilue au cours de cette expansion, pour la simple raison que les particules qui la supportent se diluent elles-mêmes. En d'autres termes, la quantité d'énergie présente reste à peu près constante dans un volume qui croît sans cesse et la densité d'énergie – la densité divisée par le volume – décroît donc comme l'inverse de ce volume. Il n'en est pas du tout de même pour l'énergie du vide qui est insensible à tout effet de dilution : l'univers a beau être en expansion, l'énergie du vide reste constante *en densité*.

Donc, avant la brisure de symétrie (lorsque la température est supérieure à T_{GU}), l'univers est rempli de deux formes d'énergie : l'énergie ordinaire, dont la densité décroît au cours du temps, et l'énergie du vide dont la densité reste constante. Il est alors fatal qu'arrive un moment où la densité d'énergie ordinaire devient inférieure à celle du vide. Elle devient alors négligeable; l'univers est dominé par l'énergie du vide et rentre dans ce que l'on appelle l'« ère d'inflation ».

Cette différence est capitale; rappelons-nous en effet que la dynamique de l'univers est déterminée par son contenu énergétique. Par la densité de cette énergie mais aussi par la vitesse à laquelle elle se dilue (ce que l'on peut exprimer par la pression associée à cette énergie [1]). Lorsque l'univers est dominé par l'énergie ordinaire, comme aujourd'hui, ou comme très tôt dans son histoire (avant l'inflation), pas de problème. La densité d'énergie et la pression associée assurent une évolution relativement douce : l'univers est en expansion mais cette expansion est relativement raisonnable. Ainsi depuis l'âge de un million d'années (l'époque de la recombinaison) jusqu'à l'âge de 15 milliards d'années (aujourd'hui), un volume quelconque de l'univers aurait

1. A la densité d'énergie de la matière (ou de rayonnement) est associée une pression; cette pression est quasiment nulle pour la matière, très élevée pour le rayonnement mais dans ces deux cas elle reste positive. Par l'intermédiaire des équations d'évolution de l'univers, la valeur positive de cette pression assure que l'énergie correspondante se dilue normalement. La théorie des champs permet d'associer une pression à l'énergie du vide mais cette pression est alors négative. C'est un moyen d'exprimer que l'énergie associée ne se dilue pas comme l'énergie ordinaire.

augmenté 10^{12} fois, ce qui paraît assez raisonnable compte tenu des échelles de temps mises en jeu (cela correspond à un facteur 10 000 seulement pour les longueurs).

Au contraire, lorsque l'énergie du vide domine – c'est-à-dire pendant l'inflation – c'est bien différent; la dynamique de l'univers est modifiée, à cause de la pression associée négative (ou, ce qui revient au même, à cause du fait que l'énergie ne se dilue pas). Au lieu d'être douce comme dans le cas précédent (un facteur 10 000, pour les longueurs, en plusieurs milliards d'années), l'expansion s'emballe et peut atteindre un niveau difficilement concevable, par exemple un facteur 10^{50} (pour les longueurs) en un instant aussi bref que 10^{-35} seconde. Pendant cet instant aussi bref, une longueur d'une fraction d'angström (à peu près ce que nous sommes capables de concevoir de plus petit : c'est moins que la taille d'un atome) serait brusquement dilatée jusqu'à dépasser la taille de tout l'univers observable aujourd'hui : on comprend le nom d'« inflation » donné à ce processus. Heureusement, au bout de 10^{-35} seconde, tout rentrerait dans l'ordre, l'énergie du vide se serait dissipée et l'univers reprendrait son évolution normale, comme dans le modèle habituel. Mais on conçoit bien que, aussi brève soit-elle, cette période d'expansion doit entraîner quelques conséquences.

Heureusement, et c'est pour cela que ce scénario suscite tant d'intérêt, la plupart de ces conséquences sont bénéfiques.

6. Heureux effets de l'inflation

La première conséquence, nous l'avons déjà mentionnée un peu plus tôt : puisque pendant l'ère d'inflation tous les volumes croissent d'un facteur énorme, les particules qu'ils contiennent se trouvent diluées du même facteur. Ainsi, si l'inflation atteint par exemple 10^{30} en longueur, et donc 10^{90} en volume, la densité de monopôles magnétiques est, quant à elle, divisée par 10^{90}. L'abondance de ces particules gênantes serait donc ramenée à une valeur tout à fait compatible avec les observations astronomiques. D'un autre côté, cela voudrait dire qu'il existerait sans doute un seul, ou un très petit nombre de monopôles dans tout l'univers observable : autant chercher une aiguille dans quelques milliards de bottes de foin [1] !

Le même effet, cette extraordinaire augmentation de toutes les longueurs, entraîne d'autres conséquences. Situons-nous à un instant de l'évolution de l'univers, entre la fin de l'inflation (de l'ordre de 10^{-35} seconde) et aujourd'hui (quinze milliards d'années), par exemple à l'époque de la recombinaison. Isolons par la pensée, à cet instant, un volume d'univers aussi étendu qu'il nous plaira, quelques milliards d'années-lumière par exemple. Puisque ce volume, bien plus tôt, a subi l'inflation, nous sommes en mesure d'affirmer qu'avant l'inflation sa taille était extraordinairement minime (de l'ordre de 10^{100} fois plus restreinte). Voilà qui permet de résoudre le paradoxe de l'homogénéité que nous énoncions au chapitre XI-4.

A l'origine, les astrophysiciens s'étonnaient que l'univers apparaisse aussi homogène à des échelles aussi grandes. En particulier, il était difficile de comprendre comment le rayonnement diffus cosmologique pouvait être aussi uniforme; en effet le volume qui lui avait donné naissance était si étendu qu'on ne pouvait imaginer aucun processus physique capable de se propager assez vite pour homogénéiser une aussi grande région. Il aurait fallu, pour qu'une même cause engendre des effets identiques dans un volume aussi gigantesque, que ces effets se propagent plus vite que la vitesse de la lumière, ce qui est une impossibilité physique. Il fallait se résoudre à admettre cette uniformité sans expli-

1. Signalons que cette dilution aurait affecté toutes les particules présentes. Cela ne contredit pas le fait que l'on observe protons, neutrons, électrons en abondance car ceux-ci sont créés, ou recréés, après la fin de cette inflation.

cations, comme résultant par exemple d'une volonté divine lors de la création. Pourtant, tout est modifié dès lors que l'on pense à l'inflation. En effet, cette région, aussi étendue soit-elle, n'est que le résultat de l'inflation d'une région au départ (avant l'ère d'inflation) minuscule. C'est avant l'ère d'inflation, alors que les dimensions étaient très réduites que des processus unificateurs auraient pu jouer leur rôle et rendre cette région homogène, l'homogénéité s'étant conservée par la suite. Bien sûr, beaucoup plus loin les conditions pourraient être différentes mais ce serait hors d'atteinte des observations. L'inflation apporte donc une raison physique possible à cet état de choses autrement inexpliqué.

Il en est à peu près de même pour une autre question, dite « de la platitude ». Nous avons vu en effet que, parmi les modèles possibles pour décrire l'univers, un seul décrivait un univers plat, c'est-à-dire où l'espace-temps serait dépourvu de courbure (voir chapitre sur les modèles cosmologiques). Ce modèle est bien entendu spécial. Il ne correspond à la réalité que si la densité moyenne d'énergie dans l'univers possède une valeur bien précise et nommée « densité critique ». Mais l'univers pourrait posséder, *a priori*, n'importe quelle quantité d'énergie, un millionième comme un milliard de fois cette valeur. Que nous disent les observations? Que la valeur en question est comprise entre 0,2 et 2 fois la valeur critique. Ce n'est pas exactement une coïncidence (peut-être, cependant, l'univers possède-t-il exactement la valeur critique) mais ce n'en est pas loin. En tout cas les cosmologistes se demandent pourquoi ces valeurs sont si rapprochées.

Encore une fois, l'inflation apporte une réponse toute naturelle. Une image peut aider à la comprendre : si nous imaginons une sphère dans l'espace, nous concevons facilement que sa courbure soit d'autant plus faible que son rayon est grand : la courbure de la Terre ne nous est même pas sensible alors que celle d'une orange nous saute aux yeux. Pour l'univers, c'est un peu similaire. Il existe un rayon de courbure jouant un rôle analogue au rayon de la sphère : si le rayon est petit, la courbure est grande, s'il est grand, la courbure est faible. Or, s'il y a eu inflation, ce rayon de courbure l'a subie comme toutes les autres longueurs, quelle qu'ait été sa valeur de départ. Ainsi, courbe ou non courbe au départ, l'univers serait devenu, grâce à l'inflation, quasiment plat. Cet effet est d'ailleurs si efficace que l'univers devrait aujourd'hui apparaître plat avec une excellente précision; nous ne sommes pas encore capables de déclarer si c'est ou non le cas mais on peut espérer que les observations astronomiques permettront de trancher dans quelques années (ou dizaines d'années) : on saura alors si l'idée d'inflation est plus qu'une élucubration des cerveaux des physiciens.

Enfin vient le dernier apport bénéfique de l'inflation, plus concret sans aucun doute. Il s'agit de l'origine des toutes premières fluctuations, destinées à devenir plus tard des galaxies. Nous avons vu dans le chapitre sur la formation des galaxies que celle-ci ne pouvait se comprendre que si, très tôt dans l'histoire de l'univers, avaient été créées de petites fluctuations de densité. Mais, jusqu'à un passé récent, les astrophysiciens ne connaissaient aucun processus capable de générer ces fluctuations. Nous avons vu dans un paragraphe précédent que ces objets étranges baptisés « cordes cosmiques » pouvaient se charger de cette opération. L'inflation offre une alternative. Des calculs compliqués de la physique des particules montrent que les fluctuations des champs quantiques lors de l'ère d'inflation possèdent les bonnes caractéristiques pour jouer le rôle exigé. Ainsi toutes les galaxies que nous observons (et par conséquent les étoiles et les planètes, y compris celle sur laquelle nous reposons) résulteraient de processus physiques microscopiques s'étant produits 10^{-35} seconde après l'origine de l'univers!

Pour toutes ces raisons l'inflation apparaît un peu comme une solution miracle aux yeux des cosmologistes. Les théories de grande unification n'étant pas encore des théories définitives, bien des détails ne sont pas fixés dans ces modèles. Finalement, les contraintes les plus importantes, qui se répercutent sur la physique des particules, proviennent de la cosmologie. Ainsi, un modèle d'inflation, et par conséquent la théorie de physique des particules sur laquelle il repose, ne seront jugés bons que s'ils apportent leurs effets bénéfiques : résoudre le problème des monopôles, fabriquer les petites fluctuations primordiales; mais aussi conduire à un scénario cosmologique qui, globalement, soit en accord avec ce que l'on connaît de l'univers [1]. Les premiers modèles, notamment celui proposé originellement par Guth, ne pouvaient satisfaire ces contraintes et furent pour cette raison modifiés et améliorés.

A vrai dire, il semble aujourd'hui que l'inflation ne soit pas, comme on le croyait, liée aux théories de grande unification. Les modèles fondés sur ces théories se révèlent en effet difficilement en accord avec toutes les contraintes cosmologiques. Les physiciens tentent alors d'imaginer de nouveaux aspects de la physique des particules, uniquement dans le but de permettre une ère d'inflation dans l'histoire de l'univers. En d'autres termes, ils pensent que la cosmologie ne peut se passer de l'idée d'inflation et postulent l'existence d'une nouvelle espèce de champs, et de matière associée, dont l'unique raison d'être serait de permettre (ou plutôt d'avoir permis) le déroulement de l'inflation. Une telle démarche semble bien sûr curieuse, surtout si l'on se remémore tout le scénario :

Au début, les physiciens des particules en tentant de construire des théories de grande unification, s'aperçurent qu'elles pouvaient entraîner une inflation de l'univers, et

1. Une nécessité loin d'être évidente est que l'inflation doit se terminer à un moment ou à un autre puisque nous sommes aujourd'hui dans un état de vrai vide. De plus, cette fin doit se produire sans effet secondaire pernicieux, et conduire à l'univers tel que nous le connaissons. Les premiers modèles qui furent proposés ont dû être rejetés car ils ne pouvaient satisfaire ces nécessités.

que cette inflation était bénéfique pour la cosmologie. Chacun de s'extasier alors sur ces nouveaux modèles. Après quoi l'on s'aperçut que certaines difficultés étaient incontournables et qu'il fallait abandonner l'idée d'inflation liée aux théories de grande unification. Mais certains pensent que l'idée d'inflation est si bénéfique qu'elle est certainement réelle et qu'il faut la sauver à tout prix, fût-ce en construisant tout un modèle physique dans ce seul but.

Que répondre alors à la question : y a-t-il eu ou non inflation? Du point de vue de la physique des particules il n'existe plus de solides motivations pour répondre oui. Au mieux, la réponse serait : « Ce n'est pas impossible. » Les astrophysiciens apportent un élément intéressant : s'il y a eu inflation, la densité d'énergie de l'univers doit être exactement ajustée à la valeur critique; tout ce que nous savons aujourd'hui, c'est qu'elle est comprise entre 0,2 et 2 fois cette valeur; il faut donc attendre pour une réponse définitive. Du point de vue de la cosmologie, les deux problèmes de la platitude et de l'homogénéité ne semblent pas, pour un physicien, des raisons suffisantes : bien sûr il est satisfaisant de trouver une explication mais ce n'est pas une exigence absolue. Restent deux questions bien concrètes, celle de la densité de monopôles et celle de l'origine des premières fluctuations. Toutes deux sont en rapport étroit avec la brisure de symétrie des théories de grande unification : les monopôles car ils sont créés à ce moment-là; l'origine des fluctuations car elle peut être due aux « cordes cosmiques », elles aussi générées au même instant. Des travaux récents semblent montrer que les modèles à base de cordes cosmiques sont plus efficaces que ceux à base d'inflation. Le statut de ces questions, certainement les plus motivantes pour croire à l'inflation, dépend donc des détails – encore inconnus – des théories de grande unification, et plus particulièrement de la brisure de symétrie. En tout état de cause, une intrusion capitale de la physique des particules en cosmologie.

7. Une nouvelle masse pour l'univers

En plus de l'idée d'inflation, la physique des particules peut apporter beaucoup à la cosmologie, essentiellement par les possibilités d'existence de matière massive non nucléonique.

Plusieurs raisons laissent penser qu'il pourrait exister actuellement dans l'univers une forte densité d'énergie sous une forme autre que celle de la matière nucléonique. Rappelons que, à cause de la nucléosynthèse, la contribution des nucléons ne peut excéder 1/10ᵉ de la densité critique. Or plusieurs motifs d'invoquer de la matière additionnelle existent.

Nous avons vu à l'aide d'arguments dynamiques que de la masse invisible doit exister dans les structures de l'univers (galaxies et amas de galaxies). Néanmoins, une contribution purement nucléonique pourrait faire l'affaire sans excéder la limite due à la nucléosynthèse.

Par ailleurs, il est tentant aux yeux de certains de penser que la densité de l'univers possède exactement la valeur critique. Beaucoup avancent des raisons de simplicité (l'univers plat est en effet plus « simple » qu'un univers courbe) mais il est difficile de tenir compte de telles motivations dans une discussion physique, du moins lorsque d'autres arguments beaucoup plus concrets s'y opposent. Nous avons également vu que la valeur critique était prévue par le scénario d'inflation. Mais ce dernier est si hypothétique que cet argument est lui aussi très faible. Actuellement, les cosmologistes ont donc peu de raisons pertinentes de croire que la densité possède la valeur critique.

Cependant, la question de l'origine des galaxies se révèle déterminante. Sans matière additionnelle (qui ne peut être que non baryonique), pas de solution. Ce problème est néanmoins si complexe que l'argument ne peut être tenu pour décisif. Disons que de fortes présomptions existent en faveur de l'existence de matière non baryonique, si bien qu'il est au moins intéressant d'examiner les possibilités qu'offre la physique des particules.

On sait que l'univers est rempli de neutrinos, en nombre presque aussi grand que les photons du corps noir (plusieurs centaines par centimètre cube). N'interagissant pratiquement pas avec la matière ordinaire, ils passent totalement inaperçus. Mais il suffirait que chacun soit muni d'une masse minuscule pour que leur contribution devienne énorme, dominant totalement la masse de l'univers (voir paragraphe sur la densité de l'univers).

Des expériences récentes ont annoncé la détection d'une telle masse. Elles ont été critiquées, non confirmées. Le monde de la physique est dans l'expectative. Néanmoins, cette possibilité existe et ses conséquences cosmologiques ont été aujourd'hui bien établies.

Sans tenir compte du peu d'attraits que présenterait l'idée de vivre dans un univers dominé par les neutrinos, cette hypothèse ne semble actuellement guère favorable, principalement car elle s'accorde mal avec les théories de formation des galaxies, alors que celles-ci apportent les motivations les plus fortes pour une masse non nucléonique.

Les autres possibilités sont encore plus spéculatives. Elles reposent sur des théories qui n'existent pas encore (encore moins que les GUT), dont seuls les éventuels principes de base sont établis. Ces théories, dites « de supersymétrie », auraient l'avantage d'unifier toutes les interactions, y compris la gravitation, dont elles pourraient en outre rendre possible la quantification. Deux desseins que la plupart des physiciens s'accordent à qualifier de hautement souhaitables [1]. Elles prévoient l'existence d'une pléthore de nouvelles particules, aux masses et aux caractéristiques variées, parmi

1. Encore plus récemment, les théories dites de « super-cordes » (à ne pas confondre avec les « cordes cosmiques ») sont apparues très séduisantes et capables d'apporter des solutions originales à ces questions.

lesquelles les cosmologistes ont fait leurs choix. Ils ont ainsi sélectionné deux d'entre elles, le photino et le gravitino, qui feraient particulièrement leur affaire, sans présenter les inconvénients cités à propos du neutrino.

Mentionnons également une autre particule, l'axion, qui pourrait exister dans le cadre des théories de Grande Unification et posséder des avantages similaires.

Il est sans doute prématuré d'accorder quelque confiance à l'une de ces hypothèses. Elles sont en effet tout à fait *ad hoc*, les caractéristiques des particules étant choisies pour satisfaire au mieux les exigences de départ. Néanmoins, la possibilité d'envisager une masse importante sous forme non nucléonique a gagné la crédibilité et le fondement physique qui lui manquaient.

XV

Une chronologie pour l'univers

Nous sommes alors en mesure de suivre l'histoire de l'univers, depuis aussi loin que l'on peut remonter, jusqu'à nos jours.

1. L'avènement de l'espace et du temps

Le physicien n'est pas en mesure de se prononcer sur une éventuelle création de l'univers. Tout au plus peut-il envisager que tout a débuté par une ère chaotique où aurait régné la gravité quantique, l'ère de Planck. Il ne peut décrire cet état, ou ce « pré-état », faute d'un outil adéquat, une théorie quantique de la gravitation. On peut s'attendre néanmoins à ce que l'extrême densité d'énergie présente recourbe sur elle-même la géométrie de l'univers, à des échelles microscopiques (comme pour un micro-trou noir). Mais l'échelle de l'univers était elle-même microscopique : celui-ci serait donc en chaque point recourbé sur lui-même, si bien que la géométrie prendrait une allure étrange, chaotique, difficile à décrire. Les notions d'espace et de temps ne sauraient y être valables dans le sens où nous les comprenons, ni même peut-être celle d'un espace-temps à quatre dimensions. Aucun temps universel ne s'écoulerait, si bien que ce chaos aurait un caractère profondément intemporel.

L'avenir nous dira peut-être si tout cela est une pure vue de l'esprit ou si la situation peut être précisée davantage. Toujours est-il qu'à un moment ou à un autre, l'espace-temps que nous connaissons doit prendre naissance à partir de cette ère quantique, peut-être à partir d'une petite fluctuation de la géométrie. Il ne s'agirait pas à proprement parler d'une création mais plutôt d'une transition, d'un chaos informe, non structuré et intemporel vers l'espace-temps muni du cadre géométrique que nous lui connaissons.

Dans notre échelle de temps, la fin de l'ère quantique se situe à l'âge de 10^{-43} seconde, appelé « temps de Planck ». Après celui-ci, l'univers est très condensé, décrit par les théories de grande unification. Sa température est extraordinairement élevée; il est rempli des particules prévues par les GUT, en constante interaction. Cette interaction est aussi celle des GUT, non encore différenciée comme aujourd'hui, mais présentant un intense caractère de symétrie. Toute cette mixture se refroidit, jusqu'à l'âge de 10^{-35} seconde où est atteinte la température de 10^{27} kelvins, valeur critique pour les GUT, dont la symétrie se brise.

Cette brisure peut se produire de plusieurs manières. En causant ou non une ère d'inflation. En générant ou non de grandes quantités de monopôles magnétiques ou de cordes cosmiques. Dans tous les cas, la transition se produit très rapidement même si elle entraîne une gigantesque inflation, presque instantanée, c'est-à-dire une expansion d'un facteur énorme de toutes les distances de l'univers.

2. Les premières secondes

Après cette transition, le contenu de l'univers se rapproche davantage de ce que nous connaissons. Il est encore extrêmement chaud et dense (plus que l'intérieur des étoiles, ou des noyaux d'atomes) mais le vide est devenu le « vrai vide » habituel; les particules commencent à ressembler à celles qui concernent la physique actuelle. L'univers est encore très homogène, bien que de minuscules fluctuations de densités soient déjà présentes (fruit probable de la transition des GUT), celles-là mêmes qui beaucoup plus tard entraîneront la formation des galaxies. Rien ne se passe, sinon un constant refroidissement accompagnant l'expansion et la dilution qu'elle entraîne. Ce n'est qu'à l'âge d'un milliardième de seconde (10^{-9} seconde), à une température de 10^{15} kelvins, que la physique devient tout à fait habituelle. A cette température en effet, interactions électromagnétiques et interactions faibles se désunissent pour prendre la forme que nous leur connaissons.

A partir de cet instant nous retrouvons une physique connue, en laquelle nous avons une confiance solide. Le contenu de l'univers est constitué d'une mixture de particules et de rayonnement. Du côté matière, on trouve protons, neutrons, électrons, neutrinos essentiellement (encore que ces dernières particules puissent être cataloguées comme rayonnement) et leurs antiparticules. Du côté du rayonnement, un bain de photons. Toutes ces particules interagissent continuellement, se transformant d'un type en un autre, matière et rayonnement étant indissociables. En moyenne, toutes ces espèces possèdent les mêmes abondances, un proton, un antiproton, un électron, un positron, etc., par photon (environ).

Pourtant – et cela à cause de la forte température qui règne encore (plus que 10^{13} degrés) – chaque photon possède davantage d'énergie que chacune des autres particules. Leur densité de masse, donc d'énergie, domine et ce sont eux qui déterminent la dynamique de l'univers. Celle-ci est toujours caractérisée par une expansion qui se ralentit petit à petit, les petites perturbations présentes restant à un niveau constant (ou s'amortissant pour certaines d'entre elles). A 10^{13} kelvins se produit l'annihilation des protons et des neutrons avec leurs antiparticules. A partir de cet instant, les photons du rayonnement n'ont plus assez d'énergie (la température est devenue trop faible) pour recréer les nucléons qui se sont annihilés avec leurs antiparticules. Le résultat se manifeste par une chute brutale de leurs abondances : celle des antinucléons s'annule quasiment tandis que celle des nucléons (protons et neutrons) diminue d'un facteur 1 milliard (alors que comme nous l'avons déjà fait remarquer on attendrait encore plus). C'est alors que s'établit définitivement la prédominance de la matière sur l'antimatière.

La même péripétie se produira plus tard pour les électrons, lorsque la température aura chuté jusqu'à 5 milliards de kelvins (à l'âge de quatre secondes). L'abondance des électrons s'ajuste alors à celle des protons; à la même époque se fixe l'abondance relative des neutrons par rapport aux protons (1 sur 5 environ). L'univers est prêt pour la nucléosynthèse des éléments légers.

Celle-ci advient dans les trois minutes qui suivent : la majeure partie des neutrons existants sont transformés en noyaux de deutérium, puis d'hélium qui subsisteront jusqu'à nos jours. Les premières structures nucléaires sont ainsi créées. Seuls les intérieurs des étoiles pourront par la suite les modifier.

Matière et rayonnement continuent à se refroidir, et l'importance relative de ce dernier décroît. Sa contribution à la masse de l'univers s'égalise à celle de la matière, à l'époque de l'équilibre (vers un million d'années), puis diminue jusqu'à aujourd'hui (environ 15 milliards d'années) où elle est négligeable. C'est au même moment à peu près que ce rayonnement se découple définitivement de la matière pour poursuivre jusqu'à nos jours son lent refroidissement. (Il est observé sous forme de rayonnement radio, à la température de 3 kelvins.)

3. Le règne de la matière

Mais si cette période marque le déclin du rayonnement, elle voit la matière prendre une soudaine importance. Débarrassée enfin du rayonnement qui l'empêchait de posséder sa propre dynamique, elle va pouvoir se structurer : les petites fluctuations créées un million d'années plus tôt et préservées jusqu'ici vont s'amplifier sous l'effet de leur propre gravité (sans être gênées par la résistance des photons). C'est ainsi qu'apparaissent, dans les quelques milliards d'années qui suivent la recombinaison étoiles, galaxies et amas de galaxies, mais aussi les planètes et les étranges structures qui les peuplent, les êtres vivants.

Nous sommes donc le résultat d'une longue évolution cosmique, commencée bien avant les 4 milliards d'années d'histoire terrestre. Interaction après interaction, structuration après structuration, la nature semble avoir donné sa pleine mesure pour façonner l'univers que nous observons, dont les éléments microscopiques et macroscopiques apparaissent indissociablement liés.

Bibliographie

On pourra trouver quelques compléments d'information dans les ouvrages ou articles suivants :

Chapitre I

G. COHEN-TANNOUDJI et M. SPIRO, *La Matière-espace-temps*, Fayard, 1986.

Chapitre II

P. LÉNA, *Méthodes physiques de l'observation*, Interéditions-CNRS, 1986.

Chapitre III

B. HAUCK in *La Cosmologie Moderne*, ouvrage collectif, Masson, 1984.

Chapitre VI

T.X. THUAN, *Les paramètres de l'univers*, La Recherche, *162*, 52, 1985.

F. HAMMER, *Des galaxies qui amplifient la lumière*, La Recherche, *173*, 90, 1986.

Chapitre VII

C. DOOM, *La vie des étoiles*, Le Rocher, 1986.

M. CASSÉ, *La vie des étoiles*, Nathan, 1986.

Chapitre IX

J.D. BARROW et J. SILK, *La main gauche de la création*, Londres, 1984.

T.X. THUAN, *La formation de l'univers*, La Recherche, *174*, 172, 1986.

Chapitre XII

J. AUDOUZE et S. VAUCLAIR, *L'astrophysique nucléaire*, PUF, 1981.

S. WEINBERG, *Les Trois premières minutes de l'univers*, Seuil, 1978.

Chapitre XIII

R. WALGATE, *L'univers est-il fait de cordes?*, La Recherche, *173*, 116, 1986.

Chapitre XIV

A. BOUQUET, *L'inflation de l'univers*, La Recherche, *176*, 448, 1986.

Ouvrages généraux

La cosmologie moderne, ouvrage collectif, Masson, 1984.

Chaos et Cosmos, ouvrage collectif, Le Mail, 1986.

Patience dans l'azur, H. REEVES, Seuil, 1986.

L'heure de s'enivrer, H. REEVES, Seuil, 1986.

H. REEVES in *La liberté de l'esprit*, Krisis 1985, n° 9-10, 1985.

L'espace et le temps aujourd'hui, ouvrage collectif, Seuil, 1983.

Table des matières

Deuxième partie

GÉOMÉTRIE ET DYNAMIQUE

Troisième partie

LE CONTENU DE L'UNIVERS

Quatrième partie
L'UNIVERS PRIMORDIAL

DANS LA MÊME COLLECTION

Derniers ouvrages parus

DE L'AUTRE CÔTÉ DU SOLEIL
J.-L. Bertaux

DU RÊVE À L'ÉVEIL
P. Etévenon

CONNAISSANCE DU COSMOS
M. Lachièze-Rey

Imprimé en France par Lightning Source
1 avenue Gutenberg
78310 Maurepas

www.ingramcontent.com/pod-product-compliance
Lightning Source LLC
Chambersburg PA
CBHW071440230926
51846CB00001B/293
9782226324399